CAMILLO SITTE

예술적 원칙에 따른 도시설계

2023년 4월 20일 1판 1쇄 발행
2024년 1월 5일 1판 2쇄 발행

지은이. 카밀로 지테 | 옮긴이. 김기준

펴낸이. 김현표 | 본부장. 최진선 | 편집. 김지혜 · 원희진 · 이슬 | 디자인. 이기석

펴낸곳. 미진사 | 주소. 서울시 마포구 동교로 134 미진빌딩 7층
전화. 02-336-6084 | 팩스. 02-338-5391 | 이메일. mijinsa@mijinsa.com
홈페이지. www.mijinsa.com | 등록번호. 제2020-000032호

ISBN. 978-89-408-0644-9 (93540) | 값. 19,000원

예술적 원칙에 따른 도시설계

DER STÄDTEBAU
NACH SEINEN
KÜNSTLERISCHEN GRUNDSÄTZEN

카밀로 지테 지음 | 김기준 옮김

미진사

그림0 **로마 산피에트로성당 광장** 야콥 블레힝어의 그라비어 사진

차례

추천의 글

'보행자 중심의 광장'을 비전으로 재개장한 광화문광장은 2023년 3월 현재 광화문 전면 월대 복원을 위한 매장문화재 조사 중 일제강점기에 설치된 철로가 발견되며 다시금 대중의 이목을 끌고 있다. 동시에 복원의 태도와 방식에 대한 논쟁도 다시 수면 위로 올라왔다. 광화문광장이 대한민국을 대표하는 역사적 공간이라는 데는 경복궁과 광화문이 자리한 까닭도 있겠지만, 근현대 시기 한국 사회의 굴곡진 역사와 가치체계를 적나라하게 간직하고 있기 때문은 아닐까 하는 생각이 스친다. 오늘날 한국은 그동안 제대로 마주할 수 없었던 도시의 역사성, 정체성, 공공성 같은 가치들이 한꺼번에 쏟아져 나오면서 오히려 어느 한쪽도 제대로 해결하기 힘든 혼란함이 느껴지기도 한다.

지난 반세기 정도의 한국 사회에서 '광장'이라는 용어는 월드컵 응원, 세월호 집회 등 국내 주요 이벤트나 사건들과 자주 연결되었기에 익숙한 시민의 문화공간으로 받아들여지고 있다. 그러나 현재

한국 대도시의 주요 광장을 살펴보면 실상 그 수는 몇 개 되지 않는다. 이는 광장과 같은 한반도의 도시 속 공용공간이 유럽의 도시들과 비교했을 때 다른 유형으로 발전된 이유도 있겠지만, 급격한 경제성장 속에서 한 가지 용도로만 정의되진 않는 넓은 부지를 도시 곳곳에 내어줄 내외적 여유가 없었기 때문은 아니었을까 조심스레 추측해본다. 더불어 아쉬운 점은 도시나 마을 골목 어귀 등 고유한 지형적 특질을 가진 한 지역에 수세대에 걸친 사람들이 모여 살아가며 자연스럽게 형성된 특유의 일상 속 외부 공용공간들도 이제는 대한민국 주거문화의 상징이 된 대규모 아파트 단지의 개발방식 탓에 점점 자취를 감추게 되었다는 것이다. 물론 고층아파트를 제외하고 폭발적으로 증가한 주거수요를 단기간에 소화할 수 있는 주거형식을 꼽기 힘든 것도 사실이다. 그러나 문제의 지점은 아파트의 층수가 아니라 개별 유닛의 실용적 조건을 충족시키는 데만 초점을 맞춘 나머지 양질의 외부공간과 경관 형성에는 인색한 아파트의 형태, 그리고 많은 경우 땅의 역사성과 장소성을 고려하지 않는 단지설계 방식에 있다고 생각한다.

그러나 이 또한 우리 도시의 역사이며 함께 나아가야 할 부분이다. 더 이상 재개발이라는 명분으로 40여 년에 한 번씩 도시의 기억을 매끈하게 지우고 쓰는 방식을 반복할 수는 없는 것이다. 더군다나 이러한 개발방식의 유효성은 현재 둔화한 경제성장, 인구감소, 다양화된 가구 형태 등 사회적 상황의 변화에 따라 약해지기 시작했다는 신호가 곳곳에서 감지되고 있다. 그렇다면 앞으로 우리의 도시설계는 무엇을 담아낼 수 있을까?

변화의 패러다임 앞에 다시 서 있는 지금, 역사와 현상을 총체적으로 바라보는 카밀로 지테의 지성과 편향적 계획에 대한 날카로운 비판 의식 그리고 도시 자체에 대한 긍정과 애정으로 채워진 이 책은 우리에게 시대를 초월하는 도시공간의 근본적 가치를 깊이 생각해볼 기회를 제공한다. 무엇보다 이전까지의 역사적 사례들을 단순히 문화재로만 바라보지 않고 그 속에 담긴 구성원리를 찾아내어 현재 우리 삶의 공간에도 생명력을 부여하고자 했던 카밀로 지테의 노력은 더욱 큰 울림으로 다가온다.

2017년 역자와 함께 독일 베를린과 오스트리아 빈 일대를 다닐 시간이 있었는데, 지금도 깊은 인상으로 남아 있는 장소 중 하나는 브루노 타우트 Bruno Taut 가 설계한 사회주거단지인 '후프아이젠지들룽 Hufeisensiedlung'이다. 편의성, 경제성, 환기 그리고 녹지공간 등 당시에도 지금에도 주요한 주거공간의 이슈에 대한 대답에만 머물지 않고 '공동성'이라는 개념 속에서 하나의 통합된 유기체로 완성된 단지를 바라보며 한참을 감탄했던 기억이 난다. 카밀로 지테가 추구한 도시공간의 모습도 이와 다르지 않다고 본다. 본 번역서가 도시 구성원들의 삶의 정체성을 잘 담아내며, 머물기 안락한 도시 속 공용공간에 대해 많은 독자의 관심을 일깨울 수 있기를 바란다.

류성룡

고려대학교 건축학과 교수

머리말

도시설계의 체계에 대한 논의는 이 시대의 뜨거운 현안 중 하나이다. 모든 시대적 문제와 마찬가지로 여기서도 여러 의견들이 빈번하게 매우 격렬한 대립을 드러낸다. 그럼에도 일반적으로는 교통, 건축부지의 합리적 활용, 특히 위생 문제의 개선과 관련해 기술적인 측면에서 얼마나 커다란 성취를 이루었는지에 대해서 흔쾌히 인정한다. 반대로 현대 도시설계의 예술적 실패에 대해서는 조롱과 경멸에 이르기까지 거의 만장일치로 비난을 퍼붓는다. 이는 사실이다. 도시설계는 기술적인 영역에서는 실제로 많은 것을 달성했지만 예술적으로는 무엇 하나 이루지 못했으며, 매우 웅장하고 새로운 기념비적 건축물들은 대부분 주변의 조잡한 광장 형태 그리고 부지 구획과 마주하고 있다. 따라서 아름다운 효과와 그 원인을 규명하기 위해 여러 옛 광장들, 나아가 옛 도시시설에 대한 연구를 시도하는 것이 합당해 보인다. 올바르게 인식할 수만 있다면, 그 원칙들을 종합하여 따름으로써 이와 비슷한 탁월한 효과들을 분명 달성할 수 있기 때문이다. 이러한 시각에서 본 저서는 도시설계의 역사나 논쟁적 문장을 명시하기보다는, 실무자들을 위한 이론적 추론들을 포함하는 자료를 제공하려 한다. 이 책은 실제적 미학에 관한 위대한 가르침의 일부가 되어야 하며, 도시설계 전문가들이 부지 구획의 원칙을 만드는 데 있어 따라야 할 경험과 기준을 스스로 정립하도록 바람직한 기여를 할 수 있어야 한다. 따라서 가능한 한 풍부한 도판과 주요 도시설계의 세부 평면도를 추가했다. 또한 현재 사용 가능한 지도 자료를 기반으로 동일한 축척을 채택했으며 그 단위는 말미의 그림 목록에서 제공된다는 점을 유의하길 바란다. 이것이 불가능한 몇몇 사례의 경우, 교회건물의 평균 길이와 같이 경험적으로 높이 신뢰할 수 있는 기준점을 기반으로 근사치에 가깝게 결정했다. 제시한 사례는 오스트리아, 독일, 이탈리아 그리고 프랑스에 국한되는데, 그 미학적 효과가 개인적 관찰을 통해서 확인된, 즉 본인이 직접 본 것만 논하는 원칙을 따랐기 때문이다. 이 원칙을 따를 때만 모든 기술 및 예술 방면의 동료들에게 주목할 만하고 유용한 자료를 제공하는 것이 가능해 보였다. 이보다 광범위하고 자세한 자료는 도시설계 이론이 아닌 도시설계의 역사에서 다루는 것이 필요하지 않을까 한다.

1889년 5월 7일 빈에서, 카밀로 지테

제2판을 위해

이 책은 출판 후 불과 몇 주 만에 완전히 품절되었다. 이는 다루는 주제가 큰 관심을 끌고 있다는 기뻐할 만한 증거이다. 그러나 전문적인 평가를 아직 받지 못했고, 현재까지는 자료를 더 제공할 필요성이 없다고 생각하기에 이번 제2판은 거의 변경되지 않은 형태로 출판한다.

1889년 6월 말 빈에서, 저자

제3판을 위해

이 책의 기본적 구상인 자연, 옛 건축과 함께하는 도시설계 영역이 실제 모습을 드러낸 이래로, 강력히 실천되고 학문적으로도 진전이 있다는 사실은 책에 비관적이었던 저자에게 있어 매우 놀라운 일이다. 본 저서는 관련 분야의 가장 수준 높은 동료들로부터 수회에 걸쳐 도시설계에 완전히 새로운 방향을 제시한다는 공개적 평가를 받았다. 말하자면 모든 것들이 실현에 가까워진 때, 이에 대한 효과는 문학작품을 통해서만 발휘될 수 있다는 점은 수정되어야 한다. 모든 사람들이 이미 같은 것을 느끼고, 인식하고, 마침내 이를 명확하게 표현하는 것이 중요한 경우에만 이러한 만족할 만한 효과는 가능해진다.

이러한 사실에 여러 세부적인 사항을 추가하는 것은 그리 중요하지 않기에 이번 제3판도 변경되지 않은 형태로 출판한다.

1900년 8월 24일 빈에서, 저자

제4판을 위해

1902년에 이 책이 프랑스어 판 *L'Art de bâtir les Villes*, Camille Martin 번역 으로 출판되었다. 이 기회에 우리의 아버지 1903년 11월 16일 서거 도 최신 독일어 판에 변화를 주기를 바라는 마음을 표명했으며, 이번 제4판에 반영되었다. 지금까지 소수의 독자들만 읽을 수 있었던 '대도시 녹지화'에 대한 글을 부록으로 포함하고, 올림피아 박람회장, 아테네의 아크로폴리스, 포룸 로마눔 등 최신의 학문적 연구 결과를 반영한 도판들을 새롭게 추가했다. 일부 도면들은 갱신했고 직접 그린 입면 삽화들은 가능한 한 촬영한 사진들로 대체했다. 이전 두 판의 머리말에서 의도한 것처럼, 이번 판의 어구 또한 변경하지 않고 출판한다.

1908년 12월 빈에서,

지그프리트 Sigfried Sitte, 카밀로 지테의 첫째 아들로 대를 이어 건축가로 일함

그리고 하인리히 Heinrich Sitte, 카밀로 지테의 둘째 아들로 그리스와 로마 유산을 다루는 고고학자로 일함

일러두기

- 외래어와 외국 인명 등은 현행 외래어표기법을 존중하되 관행을 참고하여 표기했고 특정 교회나 장소명 등은 가능한 한 원서의 언어로 발음하는 규칙을 따랐습니다.
- 작품은 〈 〉, 단행본과 연속간행물은 『 』를 써서 나타냈습니다.
- 옮긴이가 덧붙인 내용은 고딕 서체를 써서 구별했고 자세한 설명이 필요할 경우 각주를 달았습니다.
- 이 책은 「부록: 대도시 녹지화」가 추가된 제4판 증보판으로 1장의 그라비어 사진과 114장의 삽화와 상세계획을 포함하고 있습니다.
- 그림은 위에서 아래, 왼쪽에서 오른쪽의 순으로 배치했습니다.

서론

기분 좋은 여행의 기억을 꿈에서 다시 마주하는 건 근사한 일이다. 장엄한 도시 풍경, 기념물과 광장, 아름다운 전경이 마음의 눈앞을 지나고, 한때 행복을 선사했던 숭고하고 우아한 온갖 것들에서 느낀 즐거움을 우리는 또 한 번 만끽할 수 있다.

그렇다! 살면서 우리는 싫증 날 리 없는 이 아름다운 장소들로 돌아가기를 바라곤 한다. 그러면서 어려운 시간을 좀 더 가벼운 마음으로 견뎌내고, 다시금 강인해지면서 삶의 지루한 투쟁을 이어가게 되는 것이다. 그리스의 해안이나 이탈리아의 하늘 아래 살아가는 남방 민족들, 그들 특유의 천성적인 쾌활함이 애초 자연의 선물이었음은 의심의 여지가 없다. 이 아름다운 자연에 따라 지어진 옛 도시들은 자연이 그러하듯 부드러우나 저항할 수 없는 힘을 발휘해서 사람들의 정서에 영향을 주었다. 고대 도시의 아름다움을 생생히 절감한 사람이라면 누구라도 외부환경이 인간 정서에 미치는 강력한 영향력을 인정할 수밖에 없을 것이다.

이 점을 선명하게 암시하는 것이 폼페이 Pompeii 의 폐허이다. 하루의 저녁 시간, 고된 일과를 마치고 노천의 포룸 forum 을 가로질러 귀가하던 길에 제우스신전 계단에 멈춰 선 한 사람은 그토록 조화롭고 장엄한 눈앞의 광경이 마치 흠잡을 데 없고 순수하게 울리는 감미로운 음악처럼 자신을 향해 밀려드는 듯한 느낌에 휩싸일 것이다. 바로 이런 순간에 우리는 아리스토텔레스 Aristoteles 가 언급한 도시설계의 원칙들, 곧 '안전하고 행복한 삶을 위한 도시 만들기'로 요약할 수 있는 이 원칙들의 진가를 불현듯 이해하게 된다. 그런데 이 원칙들을 실현하려면 도시설계가 그저 기술적인 문제가 아니라, 가장 근본적이고 고아한 의미에서 예술적 문제로 자리해야 한다. 예술을 존중하던 중세와 르네상스 시기에는 이런 생각이 보편적으로 받아들여졌다. 도시의 확장과 도시화를 고작 기술적 문제로 취급하는 것은 우리가 살아가는 이 수리 數理 의 세기에 이르러 나타난 현상이다. 현재의 도시설계는 한쪽 방면을 해결하는 데 치우쳐 있다. 그러나 다른 방면인 예술과의 연관성도 똑같이 중요하다는 점을 되새겨야만 한다. 다시 말해, 현재의 도시설계는 문제의 한 측면만을 해결할 뿐이며 다른 한 측면, 곧 예술적 측면도 그만큼 중요하다는 점을 거듭 지적해야 하겠다.

이것이 본 연구의 목적이다. 이미 오래전부터 언급되던 사안들을 그저 모아두거나, 누구나 다 아는 근대 도시시설의 지루함에 새삼 불만을 표하거나, 지금 이곳에서 일어나는 모든 일을 저주하고 비판하려는 것이 아니다. 그런 부정적인 반응은 무엇에도 만족할 줄 모르고 끝없이 고개를 가로젓기만 하는 비평가에게 맡겨두면 될 터이다. 우리는 좋은 것, 아름다운 것을 창조할 수 있다는 확신이 있다면 더 나아질 수 있다는 긍정적인 믿음과 열정으로 나아가야 한다. 역사적 관점이나 비평적 관점을 우선시하지 않고 옛것의 조화와 매력을 찾아내며, 오늘날의 도시에서 산만함과 지루함을 자아내는 구성의 모티브를 명확히 짚어내기 위해 오래된 도시와 새로운 도시를 예술과 기술의 양면에서 엄정하게 분석해야 한다. 그리고 이 모든 탐색의 목표는 상자 형태의 근대식 건물 체계에서 벗어날 출구를 발견하고, 점점 구식이 되어가는 옛 시가지를 절멸시키지 않으면서도 오래된 걸작에 비견할 만한 도시설계를 세우는 것이어야 한다.

이 책에서 우리는 이 실용적이고 예술적인 프로그램에 상응하여 가장 근접한 모습을 보이는 르네상스와 바로크 시대의 도시시설과 기념비들을 살피고자 한다. 고대 그리스와 로마의 개념들은 도시설계의 주된 요소들의 본래 목적과 의미가 이미 상당히 변해버렸기에 르네상스 시대를 이해하는 데 필요한 참고자료 정도로만 돌이켜 볼 것이다.

도시 한가운데 있는 (포룸이나 시장을 비롯하여) 광장의 의미는 달라졌다. 이제는 가끔 대규모 공공 축제에나 사용될 뿐 일상에서 그 쓰임새가 점점 사라져가는 광장들은 빛과 공기로 채워지거나, 끝없이 이어지는 단조로운 주택 행렬을 잠시 끊어놓거나, 큰 건물을 멀리 떨어진 채 조망하게 하면서 더 나은 건축 효과를 얻게 한다는 것 외에 다른 목적성이 없다. 하지만 예전에는 전혀 달랐다. 지난날 도시에서 광장은 공동체의 삶에서 가장 큰 부분을 차지했으며 생활에서 으뜸가는 필수 조건이었다. 하지만 지금은 이런 목적을 위해 외부 광장이 아니라 닫힌 내부공간을 이용한다.

고대 그리스 도시에서 아고라agora는 시민 총회가 열리는 노천 장소였다. 고대 도시에서 두 번째로 주요한 장소는 시장으로, 지금도 그 원형이 보존되고는 있지만 역시나 점점 닫힌 건물이 되어가는 중이다. 신전에서 희생제물을 바치던 일, 노천극장에서 열리던 경기, 그곳에서 상연되던 비극을 비롯해 온갖 극적인 작품들도 사라져버렸다. 이런 옥외 사원이 외부공간에 속하며 고대 주택들도 이 유형을 따랐다는 것, 다시 말해 외부의 중정을 둘러싸고 다양한 기둥과 방들을 배치하는 공간의 전용방식이 있었다는 점을 떠올려보면, 방금 이야기한 건물들(극장, 신전, 주택)과 도시광장 사이에 별다른 차이점이 없다는 사실을 문득 깨닫게 된다. 하지만 오늘날 우리의 관점이 완전히 변했기에 이런 사실조차 낯설게 다가오는 것이다.

그러나 고대인들이 이 모든 것에 대해 동질감을 가졌다는 것은 비트루비우스Vitruvius 이래로 분명해 보인다. 왜냐하면 그는 항상 관련 내용을 한 단락의 주제로 논의했다고 서술했음에도(『건축십서』 제5서 서두 5절) 고대의 광장을 다루면서 공공장소로는 어디가 좋은지, 바람이 세게 불지 않는 원만한 광장과 도로를 조성하기 위한 배치는 어떠해야 하는지(『건축십서』 제1서 1장), 혹은 디노크라테스Dinokrates, 고대 그리스의 건축가가 알렉산드리아Alexandria의 도시설계를 어떻게 했는지를 설명하는 것이 아니라, '바실리카basilica' 항목(『건축십서』 제5서 1장)에서 포룸을 이야기하고 또 극장, 궁전, 원형경기장, 목욕탕을 다룬 장에서도 이를 함께 논하기 때문이다. 다시 말해, 이들 모두는 건축적으로 지어졌으며 노천에 자리한 공공 모임 장소이다. 비트루비우스가 이 그룹에 짝지어 설명한 고대의 포룸도 마찬가지다. 마치 연회용 홀과 같이 동상과 그림으로 장식했으며 건축적으로 잘 조율된 채 둘러싸인 닫힌 공간(광장) 그리고 포룸 사이의 긴밀한 공통점은 비트루비우스의 묘사 가운데, 특히 그가 폼페이의 포룸 시설을 설명하는 데서 선명하게 드러난다. 비트루비우스는 이러한 말로 서두를 연다.

> "그리스인들은 정방형의 시장광장을 넓은 이중 주랑으로 둘러쳐 배치하고, 높은 밀도로 기둥을 세웠으며, 돌이나 대리석으로 된 엔타블러처 entablature, 고대 서양 건축물에서 지붕과 기둥 사이에 장식된 구조물 로 지붕과 입구를 장식했다. 그러나 이탈리아 도시의 시장광장은 그리스와는 다른 계획에 따르는데 이는 포룸에서 대대로 검투 경기가 개최되어온 관습 때문이다.
> 따라서 무대 주변에 있는 주랑의 열 너비가 더 넓은 편이고, 환전소가 이를 둥글게 감싸는 가운데 상승부에는 시의 수익성을 높이고자 이용도를 고려하여 돌출된 형태로 중앙 관람석을 배치했다."

그렇다면 위의 설명에 부합하면서도 극장과는 사뭇 다른 포룸 형식이란 어떤 것일까? 바로, 폼페이 포룸 계획안이 그러하다. 그림1 포룸을 둘러싸고 사방으로 공공건물이 밀집해 있고, 북쪽의 제우스 신전만이 협소하게 돌출된 가운데 그 옆에 자리한 사원 건물의 현관은 외부 광장으로 이어진다. 이와 더불어 2층 높이의 주랑이 광장 전체를 둘러싸고 있다. 중앙 공간은 비었으며 그 주변에는 크고 작은 다수의 기념비가 세워져 지금도 그 초석과 비문을 살필 수 있다. 이 광장은 주변에 어떤 작용을 할까? 현시대에 노천 회의장이라고 하면 회랑을 갖추었으며 지붕은 없는 커다란 연주홀이 떠오를 것이다. 더욱이 이런 곳은 공간의 완결성이 강하다. 이런 근대식 건물의 경우, 정면은 저 멀리 떨어져 있을 뿐만 아니라, 도로와의 연결성도 매우 제한

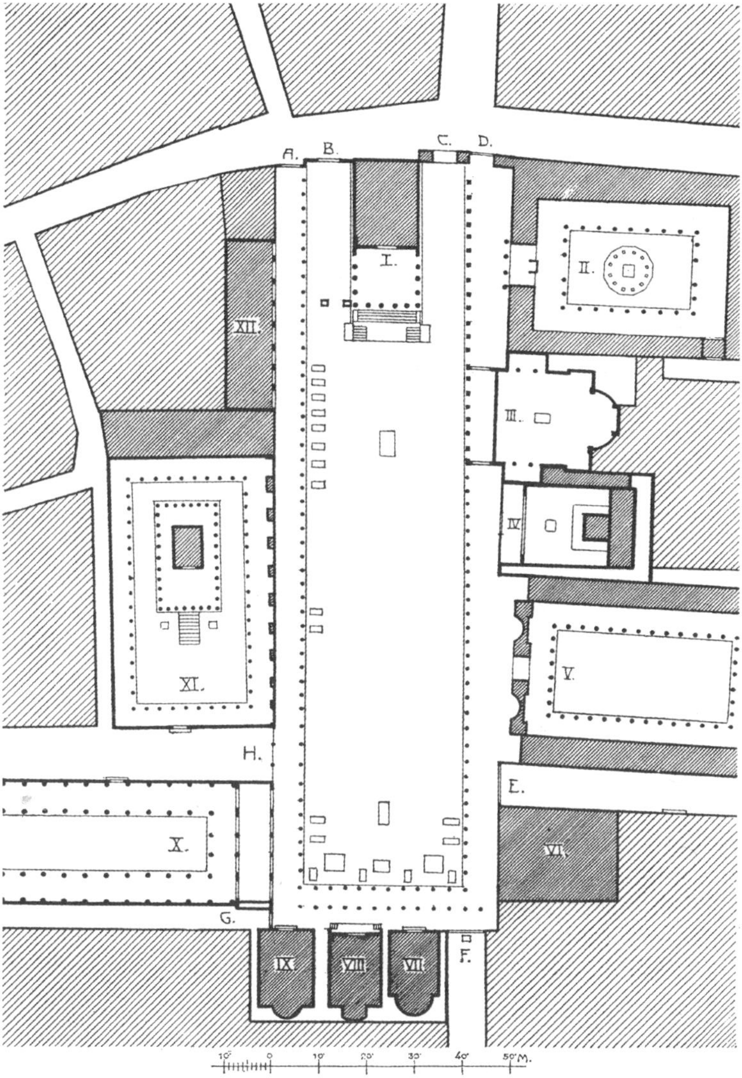

그림1 **폼페이 포룸** I. 제우스신전 II. 빅투알리엔시장홀 III. 라레스사원 IV. 베스파시아누스신전 V. 모직물시장(에우마키아건물) VI. 투표소 VII-IX. 시의회실 X. 바실리카 XI. 아폴론신전 XII. 시장

적이다. 건물 IV와 V 뒤로는 포룸으로 이어지지 않는 두 개의 막다른 골목이 있다. 도로 E, F, G, H는 울타리가 있어 (포룸으로) 진입하는 것이 불가능하고, 북쪽 도로도 막혀 있어 대문인 A, B, C, D를 통과해야 출입할 수 있었다.

포룸 로마눔 Forum Romanum 역시 이러한 구성에 따른다. 그림 2 공간을 둘러싸는 방식은 좀 더 다양하지만, 통상 이러한 목적으로 사용되는 건물은 공공 기념비성이 강하다. 이 경우도 도로는 공간의 완결성을 침해하지 않게끔 드문드문 배치했다. 기념비도 한가운데가 아니라 광장 가장자리를 따라 세워놓았다. 한마디로, 포룸은 각 가정집의 아트리움 atrium, 안뜰이나 홀 이 그렇듯이 도시 전체를 위한 일상 시설이 잘 갖춰진 일종의 메인 홀인 것이다. 이 화려한 노천 공간에는 기둥, 기념물, 동상을 비롯해 각종 예술품을 놀라울 만큼 가득 채워둔다. 수많은 조사에 따르면 하나의 포룸에 자리한 동상과 흉상의 수가 수백, 심지어 수천 점에 달했다고 한다. 마치 홀(아트리움) 내부의 벽면을 따라 값비싼 장식품을 늘어놓듯이 비워둔 중심 공간의 주변으로 가지런히 늘어선 채 그 가치를 발산하는 이 모든 것들은 압도적인 분위기를 조성했다. 그러나 보물 같은 조각 작품들이 주로 여기에 모여 있듯이 기념비적 건물도 가능한 한 적절히 여기 한 장소에 집중되었다. 도시시설을 논하면서 신들에게 봉헌된 성전과 도시 내의 다른 건물들을 적절히 통합해야 한다고 주장했던 아리스토텔레스와 마찬가지로, 파우사니아스 Pausanias, 플라톤의 『향연』에 등장하는 시인 아가톤의 연인으로, 해당 문장에서는 플라톤의 입장을 대변하는 가상의 인물로 언급됨 는 공공건물과 광장이 없는 곳은 도시라고 일컬을 수 없다고 주장했다.

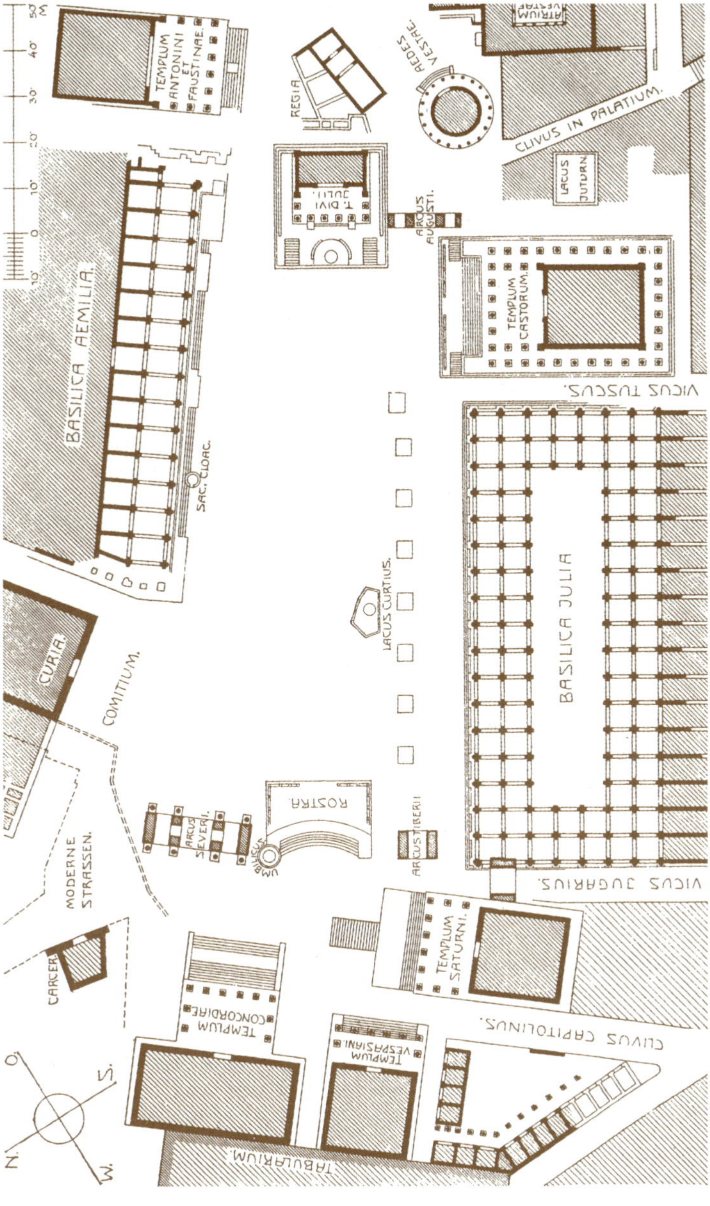

그림2 초기 제국 시대의 포룸 로마눔

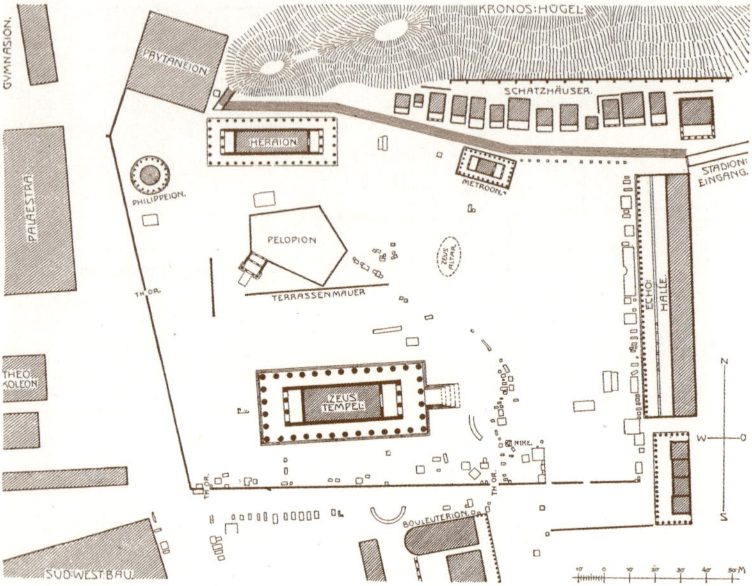

본질상 같은 규칙에 따라 조성된 아테네의 시장광장은 이제 실상에 가깝다고 할 만큼 훌륭하게 복원된 상태다. 이 모티브가 극대화된 사례는 엘레우시스 Eleusis, 올림피아 Olympia 그림3, 델피 Delphi 를 비롯해 여러 곳에 자리한 고대 그리스의 유적지에서도 찾아볼 수 있다. 그곳에선 건축, 조각, 회화가 통합된 채 심오한 비극이나 위대한 심포니처럼 숭고하고 화려한 한 편의 조형예술 작품으로 자리한다. 이와 관련하여 가장 완벽한 사례로 아테네 아크로폴리스 Acropolis 가 있다. 그림4, 5 높은 성벽으로 둘러싸인 중심 고원은 옛 형식을 그대로 따른다. 아래쪽 입구의 대문, 강렬한 인상을 전하는 외부계단, 눈부시게 전개되는 앞뜰은 대리석, 금, 상아, 청동, 온갖 색으로 이루어진 교향

그림3 고대 그리스 시대 올림피아의 축제광장

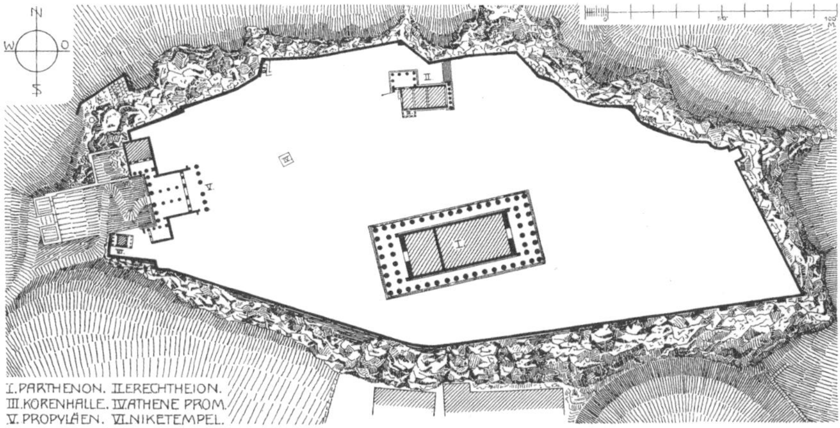

곡의 제1악장이라 할 만하다. 신전과 그 내부의 기념물들은 돌로 빚어낸 그리스 민족의 신화 그 자체다. 가장 숭고한 시詩와 사상은 여기, 봉헌된 장소에서 구체적으로 공간화되었다. 실로 의미 있는 도시의 중심, 위대한 민족의 세계관의 정수인 것이다. 이곳은 관습적으로 조성된 도시시설의 일부가 아니라, 수세기에 걸쳐 순수예술로 승화된 하나의 작품이다.

이와 관련하여 더 높은 목표를 설정하기란 불가능하다. 비슷한 수준에 이르는 것도 전혀 쉽지 않다. 그러나 이 위대한 양식에 대한 기억은 절대로 우리를 떠나지 않을 것이며, 적어도 하나의 이상으로서 그에 가닿으려는 수많은 시도에 영감을 불어넣을 것이다.

이어지는 장에서는 창조에 관한 많은 예술의 원칙들이 본질의 모티브를 잃어버리지 않고 우리 시대까지 이어져왔다는 점을 살펴볼 것이다. 다만 이 원칙들을 활발히 소생시키려면 추진력이 필요하다.

그림 4 페리클레스 시대 아테네의 아크로폴리스

그림 5 서쪽에서 바라본 아테네의 아크로폴리스 사진가 알로이스 베어 촬영

I.

건물, 기념비 그리고 광장 사이의 관계

유럽 남부, 특히 이탈리아에서는 좁게는 고대 도시설계의 부분이, 넓게는 공동체의 삶의 습관이 오랫동안 (몇몇은 최근까지도) 이어져왔다. 지금도 도시의 주요 광장들은 여러 면에서 옛 포룸 양식을 간직하고 있다.

공동체의 삶은 곳곳으로 전수되었고 광장 그리고 그 광장을 둘러싼 여러 기념비적 건물들 사이의 자연스러운 관계가 그러하듯이 공적 의미의 한 부분을 이루었다. 아고라와 포룸과 시장광장을 구분하는 관습도 여전하다. 도시의 주요 지점에서 가장 훌륭한 건물들을 통합하고, 분수와 기념물, 동상을 비롯해 각종 예술작품과 기념현판 등을 총동원하여 이 자랑스러운 공동체의 중심 공간을 가꾸려고 부단히 애쓰는 모습도 변치 않았다. 중세와 르네상스 시대에도 광장은 공들여 단장되었으며 도시의 자부심과 기쁨으로 자리했다. 이곳으로 교통이 모여들고 여기서 공공 축제와 공연이 열렸으며 정치활동이 이루어지고 법률이 제정되었다. 이런 현실의 필요에 부응하기 위해,

이탈리아의 각 공동체는 저마다 규모와 방향에 따라 드물게는 하나, 보통은 두세 군데에 광장을 조성했다. 광장은 대체로 (그곳을 지배하는) 교회 혹은 세속의 권위에 따라 구분했는데 이러한 분류법이 고대에는 없었다. 또 광장은 주변 요소에 따라서도 구별했으며 그 결과 대성당광장 Piazza del Doumo 은 세례당, 종탑, 주교당으로 둘러싸인 하나의 독립 유형으로 자리를 잡았다. 한편 세속 광장인 시뇨리아광장 Piazza della Signoria, 피렌체공화국의 정부청사로 사용되던 베키오궁 앞 광장 은 그 양쪽에 자리한 시장 공간을 둘로 분리한다. 시뇨리아광장은 정부청사의 앞마당으로, 베키오궁 Palazzo Vecchio 을 비롯해 역사적인 문화재와 기념물에 둘러싸여 있다. 그림6 여기엔 근위대와 도시경비대를 위해 온갖 건축술을 동원하여 축조한 로지아 loggia 그리고 이 로지아와 결합하거나 독립된 형태로 높이 지어져 공표와 공개 등에 쓰이는 테라스 terrace 가 자리한다. 이런 부류의 광장 가운데 가장 아름다운 예가 피렌체 Firenze 의 로지아 데이 란치 Loggia dei Lanzi, 중세 독일의 용병을 지칭하던 '란츠크네히드'의 홀이란 뜻 이다. 그림7 시뇨리아광장 옆에는 어김없이 시청 건물이 자리하는데 이런 식의 배치는 알프스 북쪽 도시에서도 볼 수 있다. 광장 중심부에는 인공수조를 갖춘 분수가 대규모로 설치된다. 이 분수는 시장분수라고 하며, 활기찬 시장 공간이 이미 오래전에 유리 새장 같은 건물 내로 숨어버린 지금도 여전히 그 자리를 지키고 있다.

이 모든 장면은 기억 속에 어렴풋이 떠오를 뿐이지만, 공동체의 삶이 광장과 얼마나 긴밀히 연결되어 있는지를 증명한다. 그러나 아테네 아크로폴리스의 명작과 같은 한층 높은 예술적 성취나 발전을 추구하지는 못했다. 다만 피사 Pisa 의 대성당광장만큼은 도시설계

그림6 피렌체의 시뇨리아광장

그림 7 피렌체의 로지아 데이 란치

분야의 뛰어난 작품으로서 '피사의 아크로폴리스'로 부를 만하다. 여기엔 웅장한 성당, 종탑, 세례당, 그 무엇에 비할 수 없는 묘지들을 비롯하여 시민들이 위대하고 풍요로우며 기념비적으로 빚어낸 작품 등 모든 것이 자리한다. 세속에 반하여 세상과 분리되었으나 인간 정신의 가장 고귀한 작업에 헌정된 이곳 광장이 자아내는 인상은 압도적이다. 예술적으로 그다지 섬세하지 않은 사람이라도 이 강렬한 인상의 불가항력을 외면할 수는 없을 것이다. 이곳에 우리의 생각을 흐트러뜨리거나 분주한 일상에 얽매이게 하는 것은 하나도 없다. 요란스러운 재봉사의 최신식 의상실, 마부와 종업원의 외침이 뒤섞인 소란스러운 카페도 우리가 저 이름난 성당의 파사드를 바라보는 그 순간을 방해하지 못한다. 이곳엔 평화가 자리하며, (광장을 둘러싼 모든 요소가 이루어내는) 짜임새 있는 인상은 이 자리에 축적된 예술작품을 충분히 이해하고 즐길 수 있는 상태로 우리를 이끌어간다.

순수함이라는 측면에서 볼 때 피사의 대성당광장은 그 배치 방식에서 아시시 Assisi, 이탈리아 중부 움브리아주의 도시 의 산프란체스코대성당 Basilica di San Francesco d'Assisi 이나 파비아 Pavia, 이탈리아 북부 롬바르디아주의 도시 의 체르토사수도원 Certosa di Pavia 등과 비슷하면서도 한편으로 상당히 독특하다. 일반적으로 요즘 사람들은 이런 순수하고 조화로운 양식에 호의적이지 않으며 대조적인 양식을 선호한다. 그래서 앞에서 언급했던 대성당광장 그리고 시뇨리아광장이나 시장광장의 유형은 예상 가능한 방식으로 곧잘 병합되고는 한다. 고대미술의 모국 이탈리아를 지칭 에서도 도시는 성이나 주거용 건물이 그렇듯이 각각의 고유한 주제보다는 북부 북유럽을 지칭 의 홀 건설 양식이나 남부 남유럽을 지칭 의 중정 건물 양식의 결합으로 이루어진 어떤 형태로 인식된다. 사상과 취향은 민족이 섞이듯이 다양하게 혼합된다. 단순함의 가치는 점점 사라져간다. 분수를 갖춘 시장광장의 유형 정도가 시청 건축의 한 요소로서 남았을 뿐이다. 알다시피 북유럽에서도 이런 결합 방식에 따라 수많은 화려한 도시 풍경이 탄생했으며 그 사례는 어렵지 않게 찾을 수 있다. 바로 브로츠와프 Wrocław, 폴란드의 남서부 실레시아 지방에 있는 돌니실롱스크주의 도시 가 그러한데, 시장광장과 어우러진 그곳 시청 건물은 다채롭고 회화적인 미술, 건축 등에서 자연스러운, 그림과 같은 풍경을 추구하는 경향 또는 픽처레스크 일품의 풍경을 자아낸다. 그림 8

이쯤에서 한 가지 견해를 밝히겠다. 나는 이 연구에서 옛 도시시설의 회화적인 아름다움을 현시대의 목적에 맞게 적용해야 한다는 식의 선입견을 제시하진 않을 것이다. 이와 관련해서는 "궁하면 무쇠라도 부순다" 급하면 무엇이든 한다는 뜻의 독일 속담 라는 속담이 유효하다. 위생이라든가 또 다른 필수 목적에 따라 변화가 필요하다면 그로 인해 수많은 회화적 모티브를 빼버리는 한이 있더라도 실현해야만 한다. 그렇다고 해서 옛 도시설계의 회화적 모티브를 면밀히 관찰하고 동시에 현시대적인 조건을 설정하려는 작업을 방해해서는 안 된다. 왜냐하면 예술적 측면을 물으면서 우리는 (현상을) 선명히 바라볼 수 있으며, 옛 도시설계의 아름다움 가운데 무엇을 살려내어 유산으로 삼을지를 분별할 수 있기 때문이다. 이를 전제로 하여 현시점에서 우리 조상들의 모티프를 얼마만큼 활용할 수 있는지 살펴보겠다. 중세와 르네상스 시대에 도시광장이 공동체의 삶을 위한 실제 용도에 사용되었다는 것, 광장과 주변 공공건물 사이에 조화로운 관계가 존재했다

그림 8 브로츠와프의 시청광장

는 것은 이미 이론적으로 확인했다. 이에 반해 오늘날 광장의 용도는 차량을 최대치로 주정차할 수 있는 장소 정도에 그치며, 광장과 건물 사이의 예술적 연결성에 주목하는 일도 별로 없다. 의회 건물 옆에 자리한 열주로 감싸인 아고라의 품격, 대학건물과 대성당을 휘감은 장엄하고 평온한 분위기, 시청 옆 시장에서 뿜어내던 생업의 분주함, 기념비적인 공공건물들을 둘러싸고 고대부터 요란스레 오가던 사람들의 발걸음 소리는 대부분 사라졌다. 옛 광장이 누려온 영화로움을 이제는 모조리 잃고 말았다.

마찬가지로 광장의 조형 방식에 관한 기준도 정반대가 되었는데, 안타깝게도 이런 현상을 새로운 도시설계의 장점으로 꼽기는 어렵다. 다만 동상이 늘어선 고대 포룸의 풍요로운 광경만큼은 그대로이며, 훌륭한 양식의 예술성 있는 작품들이 잘 보존되었다는 점도 피렌체의 시뇨리아광장이나 로지아 데이 란치를 잠시 바라보는 것만으로 충분히 알 수가 있다

특히 최근 빈 Wien 에는 조각학교가 번성하고 있고 거기서 수많은 의미 있는 작품들이 만들어지고 있다. 하지만 앞으로 살펴볼 몇 가지 경우를 제외하면, 이 작품들은 대부분 공공 영역에서 광장을 풍요롭게 하기보다는 건축을 그저 장식할 따름이다. 중정 형식의 두 극장 현 부르크극장과 국립오페라극장을 지칭 의 조각 장식은 풍부하고도 고유한 가치를 지니며, 이미 이런 (장식적인) 방식으로 설치되었고 추가로 작업할 예정인 국회의사당 건물도 예외는 아니다. 중정을 갖춘 극장, 빈 시청사, 새로운 대학건물, 보티프교회 Votivkirche 등에도 다수의 뛰어난 조각 작품이 자리한다. 특히 보티프교회는 옛 성당을 모방하여 무덤 같

은 기념비들로 점차 채워갈 예정이다. 대학건물과 오스트리아제국 박물관들 현 자연사박물관과 예술사박물관을 지칭 도 이 경향을 좇는다. 그렇다면 공공광장은 어떠한가? 이러한 현실이 조형예술의 측면에서는 반가울지 몰라도 도시설계의 측면에선 그와는 정반대로 악화일로를 걷는 셈이다. 게다가 이는 빈뿐만이 아니라 어디서나 나타나는 일반적인 현상이다.

기념비적인 건물 곳곳에는 조형예술 작품으로 장식하여 채울 만한 공간이 있다. 그러나 이런 작품들에 딱 맞는 자리를 찾으려면 우선 위원회를 꾸려야 한다. 게다가 도시 전체를 수년간 샅샅이 뒤졌어도 단 하나의 동상을 놓기에 적합한 광장을 찾지 못했다고 결론 내리는 경우가 드물지 않다. 정말이지 이상한 일이다. 게다가 여러 가지로 시도한 끝에 그 모든 작품이 거대하고 텅 빈 새 광장에는 부적합하다고 판정하여 계획을 폐기해버리기도 한다. 이에 따라 머물 곳을 찾지 못한 그 기념물들은 자그만 옛 광장 한쪽에 안치되곤 한다. 이건 더 이상한 일이다! 오래 헤맨 끝에 길 구석에 작은 보금자리를 마련한 새끼 거위의 운명과 별반 다르지 않다. 바로 이런 일이 하이든 Franz Joseph Haydn 의 동상과 관련하여 실제로 일어났다. 이 동상이 작은 옛 광장에 겨우 자리를 잡은 것만도 다행스러운 일이다. 라데츠키 장군 Joseph Radetzky, 19세기 오스트리아의 장군 기마상도 마찬가지로 처음에는 새롭고 화려한 광장에 놓기로 했지만, 모형으로 시험하던 중 부적합 판명을 받았다. 결국 이 강렬한 조형물은 분수, 마리아기둥 Mariensäule 과 함께 옛 광장에 자리하게 되었다. 예술작품이 운 좋게 잘 배치되기만 하면 그 가치를 발휘하여 충분한 효과를 낼 수 있다. 그리고 예술가는 미리

그 효과를 예상할 뿐 아니라 이를 위해 기꺼이 전적으로 윤리적 책임을 지고자 하는 사람들이다.•

부귀영화의 본고장인 옛 피렌체에서 있었던 미켈란젤로 Michelangelo di Lodovico Buonarroti Simoni 의 다비드상에 관한 일화는 아마도 현시대의 이러한 어리석음을 뚜렷이 보여주는 한 가지 사례일 것이다. 이 거대한 대리석 조각은 원래 베키오궁에서도 미켈란젤로가 직접 지정했던 장소, 그러니까 입구 근처의 왼쪽 돌담 앞에 세워졌다. 지금의 위원회라면 절대로 택하지 않을 그런 곳이다. 여론 역시 눈에 띄지도 않고 무의미한 위치라면서 미켈란젤로의 선택을 농담이나 망상쯤으로 여길 것이다. 하지만 미켈란젤로는 아주 명확한 이유에서 이 장소를 택했다. 이 조각상은 1504년부터 1873년까지 거기 있었다. 이 걸작을 그 비범한 장소에서 본 사람이라면 누구나 그 훌륭한 입지의 효과를 확인할 수 있었다. 상대적으로 협소한 장소와 대비되면서 이 거대한 조각상의 척도가 한눈에 들어왔던 것이다. 어둡고 단순하면서도 힘 있는 수평구조의 성벽은 조각상의 외형선을 돋보이게 해주었다. 그야말로 대안이 떠오르지 않을 정도로 안성맞춤이었다. 이러한 (배치의) 효과는 알리나리 Fratelli Alinari, 피렌체에 있는 세계에서 가장 오래된 포토그래프 회사 에서 제작한 대형 사진을 통해 부분적으로 확인할 수 있다. 이후 다비드상은 아카데미홀로 옮겨졌고 학문의 견본으로서, 또한 역사가와 비평가의 연구대상으로서 석고로 복제되어 전용 유리돔 안에 담긴 소형 복제상과 관련 사진들, 카본 인쇄본들에 둘러싸였다. 숭고한 작품을 향유하려면 예술의 감옥이라고 불리는 박물관의 익숙하고도 메마른 정서를 극복할 수 있게 특별한 정신적 준비를 갖춰야 한다. 다

• 또한 설치가 완료되면 예술가들의 결정에 대한 위의 전제들은 진실로 입증된다.

만 이 정도로는 예술을 계몽하는 시대정신으로서 아직 충분치가 않다. 다비드상은 원작과 같은 크기의 청동상으로 주조되어 피렌체 외곽, 비알레 데이 콜리 Viale dei Colli 에 자리한 광장, 그 휑한 광장 안에서도 (기하학적 중심인 중앙의) 높다란 받침대 위에 놓였다. 전방의 아름다운 조망, 후방의 카페 건물들, 주변의 마차 정거장, 광장을 가로지르는 꽃마차 행렬, 주변에서 들려오는 베데커 여행서 Baedekers, 1830년대부터 독일 프라이부르크에 있는 카를 베데커 사에서 발행했던 여행 가이드북 를 든 사람들의 웅성거림. 그러나 이곳에서 이 다비드 청동상은 어떠한 효과도 발휘하지 못했으며, 조각상의 척도도 명성에 미치지 못한다는 품평이 여기저기서 들려온다. 그렇다면 결과적으로 미켈란젤로는 이 조각상을 어디에 놓아야 하는지를 누구보다 잘 알았고, 옛사람들도 지금의 우리보다는 더 잘 이해했다고 할 수밖에 없다.

이 사례에서 과거와 현재의 결정적 차이는 이러하다. 화가는 초상화를 그리면서 인물의 얼굴을 보다 잘 드러내기 위해 중립적인 배경을 선택한다. 하지만 우리는 아주 자그만 동상의 자리도 늘 거대한 광장에서만 찾으려고 하며 결국 그 동상의 효과를 저해하고 마는 것이다.

이와 밀접한 또 하나의 상황이 있다. 옛사람들은 그들의 기념비와 조각상을 광장 벽 주위에 세워놓았다. 이미 언급했던 피렌체 시뇨리아광장의 양쪽 입면이 바로 그러하다. 어느 광장이든 벽 주위에는 수백 점의 조각상을 세워도 충분할 만큼 공간이 있다. 다비드상처럼 (각 예술작품에는) 저마다 적절한 배경이 있는 법이다. 하지만 우리는 광장 중앙만이 적절하다고 생각한다. 이러면 광장이 아무리 커도 기념비를 단 하나만 세울 수밖에 없다. 게다가 만약 광장이 불규칙한 형태여서 기하학상의 중심을 정할 수 없는 경우라면 그 단 하나의 기념비마저 놓을 수가 없으며, 광장은 영원히 텅 빈 상태로 남을 것이다.

이 생각은 옛 도시시설 건축의 또 다른 원칙으로 이어지는데, 이는 다음 장에서 다루고자 한다.

II.

광장 중앙 비우기

주어진 상황을 활용한다는 점에서 분수와 기념비를 배치하는 고대의 방식들은 본받을 가치가 있다. 이 원칙들은 중세와 르네상스 시대로 이어졌으나 지금은 단절되었다. 로마의 포룸에서 중앙부를 비우는 것은 너무도 당연해서 이를 알아채지 못하는 사람이 거의 없을 정도였다. 비트루비우스도 중앙부는 조각상이 아니라 검투사에 속한 장소라고 썼다. 하지만 근대에 이를수록 이 원칙은 뒤죽박죽되었다. 분수나 조각상을 광장 중앙에 세우는 것이 한층 발전된 형태로 해석되다 보니, 장소를 택하는 과정에서 개별 정의들은 대부분 경시하고 만다. 처음에는 이해하기 힘들지라도 미켈란젤로의 다비드상이 그렇듯이 거장이 훌륭한 감각을 발휘하여 선택한 장소들, 모든 것이 조화를 이루는 최고의 장소들이 있다는 점을 인정해야 한다. 그러나 우리는 어떤 미학의 조항이나 규칙 없이도 기적을 이룩했던 옛 거장들의 이 고유하고 무의식적이며 경이로운 예술 감각을 마주하고서 제도용 자와 컴퍼스를 든 채 이들을 뒤좇기에 급급해하며 기하학에 관한 순수 감각의 문제를 해결할 수 있으리라고 착각한다.

때로는 무의식적 창조의 한 가지 사례를 살피면서 우수한 효과의 이유를 이해하고 설명하기도 한다. 하지만 그다음 사례들은 매번 다르기에 일반 원칙을 쌓아가기가 무척 어렵다. 그렇대도 이 원칙들을 명확히 구축하려고 거듭 시도해야 한다. 우리는 문제에 대한 고유한 감정을 이미 오래전에 잃어버렸고 무의식중에라도 올바른 방식으로 맞춰갈 수 없기 때문이다. 이런 현 상황에 대한 증거는 한없이 쌓여만 가고 있다. 지적 이론이라는 해독제도 엄격한 기하 원칙이라고 하는, 도처에 만연한 질병과 맞서 싸우는 데 별 도움이 되지 않는다. 우리에게 남은 해결책이란 옛 명작에 깃든 자유로운 설계 방법론을 다시금 연구하고 의식적으로 그를 이용하는 것, 그리하여 전통에 따라 예술을 훈련하던 시대에 창작자가 본능적으로 올바른 길로 나아가게끔 추동했던 바로 그 방식을 유지하는 것뿐이다.

우리의 당면과제는 사소하고 그 범주도 협소하지만, 막상 글로 정리하려니 간단치가 않다. 평범한 일상생활에 빗대면 설명하는 어려움을 극복하는 데 도움이 될 것이다. 다만 표현이 진부하다고 (독자들이) 불쾌해할까 봐 염려된다.

그림을 그리거나 무언가 만들면서 노는 아이들에겐 내재된 예술 충동이 있다. 가만히 보면 원시 부족의 미숙한 예술작품과 상당히 비슷한데, 바로 이 점에 주목해야 한다. 기념비를 배치하는 문제도 이와 다르지 않다. 겨울에 인기 있는 활동인 눈사람 만들기만 해도 그렇다. 눈사람은 늘 하던 대로 기념비나 분수가 있을 만한 바로 그런 장소에 만든다. 왜일까? 답은 아주 간단하다. 어느 시골 마을, 사방이 눈으로 덮인 텅 빈 시장광장을 상상해보자. 이 광장에 마차들이 이리저리 다니면서 자연스레 흔적이 생기고, 눈바닥이 불규칙한 형태로 나뉘면서 어딘가에 얼룩 없는 깨끗한 부분이 남겨진다. 눈사람은 바로 이런 곳에다 만든다. 오염되지 않은 깨끗한 눈은 오직 거기에만 있기 때문이다.

옛 공동체는 이처럼 교통에서 자유로운 장소에다 품격을 높이려는 목적에서 분수와 기념비를 세웠다. 중세와 르네상스 시대에 조성된 오래된 도시 풍경을 관찰하면 알 수 있다. 여느 광장에서든 포장이나 평탄화 작업을 하지 않은, 있는 그대로의 대지 위에 샛길이 나고 시냇물이 흐르면서 홈이 패이곤 한다. 그래서 예를 들어 분수대를 만들고자 하면, 마차들이 오가며 움푹 파인 길 위가 아니라 교통의 흐름 사이에 남겨진 섬과 같은 장소를 택하게 된다. 이후에 그 공동체가 부를 축적하면 광장을 포장하고 평탄하게 만들 텐데, 그래도 분수는 여전히 그 자리를 지키기 마련이다. 옛 분수를 값비싼 새 분수로 바꾸려고 해도 대부분은 그 자리에 그대로 짓는다. 말하자면 모든 장소에는 고유의 의미와 역사가 있는 것이다. 분수와 기념비가 교통의 중심이나 광장 중심, 또는 중심가에서 원근법적 효과로부터 벗어난 곳에 주로 위치하는 이유가 바로 이러하다. 이런 특성은 옛 로마제국의 전통이 드물게 남아 있는 유럽 북부 지역에서도 마찬가지다. 이렇게 해서 우리는 거리의 교차점, 교통의 흐름, 광장의 고립된 섬, 역사의 총체적인 흐름이 제각각인 까닭에 각 도시와 광장의 구성도 그에 따라 달라졌다는 것, 그리고 광장의 중심이 선택되는 이유를 알게 되었다. 또 역사의 맥락에 따라 오래전에 만들어진 시장분수가 대체로 광장

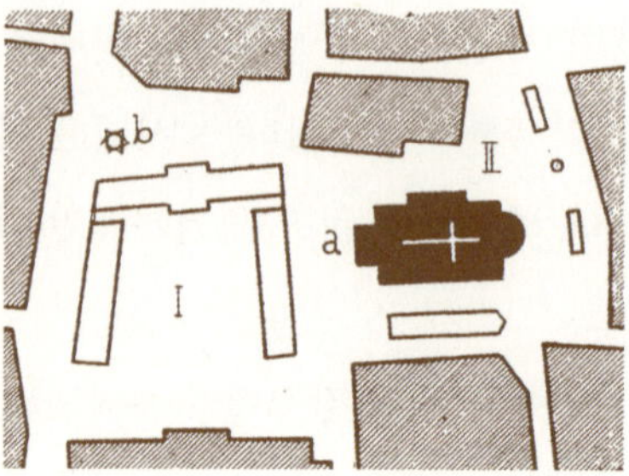

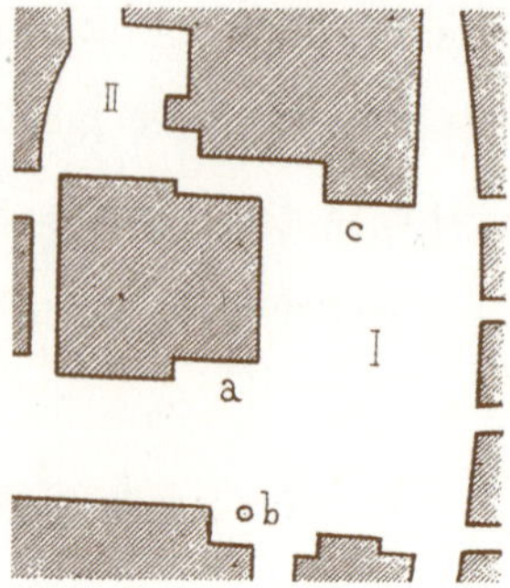

전체에서 비대칭적인 곳에 자리하는 데 비하여 최근 세운 기념비들은 대칭적이고 천편일률적으로 자리하는 이유라든가, 도심의 주도로가 광장 중앙이 아니라 모서리에 맞닿은 이유를 이해할 수 있다. 초기에는 마차를 끄는 소나 말의 갈증을 해소하는 방안이 (위치를 정하는 데) 영향을 주었을 것이며 그 전통이 그대로 유지되었을 것이다. 이에 관한 훌륭한 사례로는 위의 그림이 보여주듯 뉘른베르크 Nürnberg, 독일 남부 바이에른주의 도시 시장광장에 있는 분수의 아름다운 배치를 들 수 있다. 그림9 다소 다른 배치 방식을 따른 사례로는 로텐부르크 Rothenburg ob der Tauber, 독일 남부 바이에른주의 도시 의 시장광장 분수가 있다. 그림10 독일의 도시는 대부분 뉘른베르크식을 채택해서 로텐부르크식은 그리 많지 않지만, 어쨌든 옛 분수가 광장의 기하학적 중심점에 자리하는 경우는 거의 없다.

이탈리아에서는 피렌체 시뇨리아광장의 베키오궁 앞에 놓인 분수, 페루자 시청 Palazzo dei Priori 앞 분수, 로마 파르네제광장 Piazza

그림9 **뉘른베르크** I. 시장광장 II. 프라우엔광장 a. 마리아교회 b. 쇠너분수

그림10 **로텐부르크** I. 시장광장 a. 시청사 b. 분수 c. 주점

Farnese에 자리한 두 분수가 이런 배치를 보인다. 특히 파르네제광장의 분수들은 길에 나란히 자리하면서도 건물이나 광장의 축과 대칭을 이루지는 않는다.

기념비의 배치와 관련하여 가장 교훈적인 사례로는 파도바 Padova, 이탈리아 동북부 베네토주 파도바 현의 주도 산트안토니오대성당 Basilica del Sant'Antonio 곁에 있는 가타멜라타 장군 Gattamelata의 기마상을 들 수 있다. 이렇게나 독특하고 지금의 방식과는 사뭇 다른 기념비의 배치를 연구해야 한다는 건 아무리 강조해도 지나치지 않다. 이 훌륭한 기마상을 처음 마주하면 그간 익히 보아온 광장과는 확연히 다른 배치 방식에 놀라움을 금치 못한다. 하지만 이렇게 특별한 방식으로 배치된 기념비가 탁월한 효과를 발휘한다는 것 그리고 만약 이 기마상이 광장 한가운데로 옮겨진다면 이만큼 압도적인 인상을 줄 수 없다는 점을 납득하게 된다. 이렇게 기념비를 중앙에 두는 방식에서 벗어나도 괜찮다고 생각하면 다른 것들도 자연스레 해소된다.

광장 가장자리에 기념비를 배치하는 고대의 원칙은 중세로 이어졌으며 북유럽에서는 줄곧 유지되었다. 특히 시장분수 같은 기념비는 광장 내에서도 교통의 흐름이 없는 지점에 만들었다. 때로는 이 두 가지 원칙이 동시에 적용되기도 했다. 두 경우 모두 교통의 흐름이라든가 광장 중앙부 혹은 중심축을 피하는 데 유리하며 예술적 효과를 발휘한다. 교통을 방해한다는 건 전망을 방해한다는 뜻인데, 이런 자연발생적 체계가 교통과 예술 효과에 대한 요구를 동시에 충족한다는 건 대단히 인상적이다. 광장을 화려하게 수놓은 건물 등 주요 전경으로 향하는 시선을 기념비가 가로막아서는 안 된다는 건 자명하다. 순수 예술의 관점에서 보면, 이때 기념비는 건물의 입면과 전망의 즐거움을 방해하는 셈이며, 반대로 풍부하고 다양하게 구성된 건물들은 기념비의 배경으로는 더없이 불리하므로 결과적으로 기념비를 제거해야만 하는 것이다. 아니면 고대 이집트에서 예외 없이 그랬듯이 중심축 한쪽으로 이 기념비를 옮겨야 한다. 신전의 입구 옆에 파라오의 조각상과 오벨리스크 obelisk 가 자리하듯이 가타멜라타 장군 기마상과 작은 기둥들은 성당광장 입구 한쪽에 세워졌다. 이것이 현시대에는 풀리지 않는 수수께끼로 남은 옛 비밀의 전모이다.

광장 중앙을 비운다는 원칙은 기념비와 분수만이 아니라 건물, 특히 옛 관습과는 완전히 다른 방식으로 여지없이 광장 중앙에 세워지는 현시대의 종교 건물에도 적용할 수 있다. 이 관계를 면밀히 탐색하면 이전 시기의 성당들, 그중에서도 이탈리아의 옛 성당들이 독립적으로 지어지지 않았다는 점을 알 수 있다. 이탈리아에서 성당 건물은 예외 없이 한두 면 혹은 세 면이 다른 건물들에 접하도록 지어졌으며 이렇게 조성된 광장의 구성 역시 눈여겨볼 만한 가치가 있다. 지금부터 연구해야 할 것이다.

파도바의 성당 건물들은 흡사 다양한 건축 방식을 종합한 견본과 같다. 산타주스티나수도원성당 Basilica di Santa Giustina 그림11 은 한 면이, 산트안토니오성당 Basilica di sant'Antonio 과 델카르미네성당 Basilica del Carmine 은 두 면이, 예수회 교회는 1.5면이 맞닿아 있다. 그리고

그림11 파도바의 산타주스티나수도원성당

이들 성당 앞 광장들은 예외 없이 불규칙하게 구성되었다.

베로나 Verona, 이탈리아 북부 베네토주의 도시 에서는 모든 성당이 기존 건물에 통합되거나 최소한 덧붙여져 지어졌으며, 건물 전면부 앞에 큰 광장이 위치하게끔 노력한 흔적이 뚜렷이 보인다. 베로나대성당 Duomo di Verona 그림12, 산페르모마조레성당 Chiesa di San Fermo Maggiore 그림13, 산타아나스타시아성당 Basilica di Santa Anastasia 그림14 등이 바로 그러하다. 이 광장들은 저마다 고유의 역사를 지녔지만 모두 비슷한 방식으로 지어졌으며, 교회는 주 파사드와 앞마당 공간을 갖추고는 차분하고 의미 있는 효과를 발휘한다.

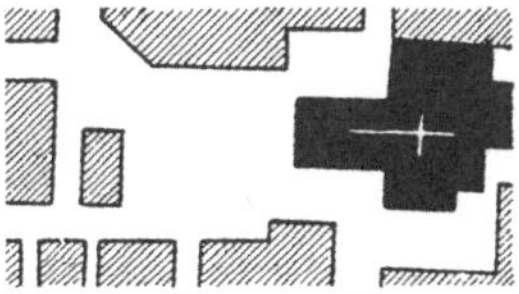

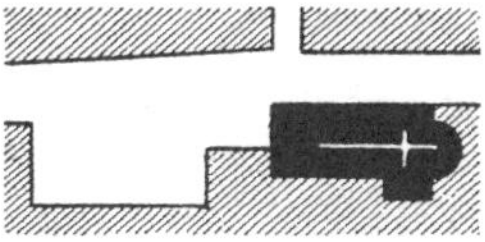

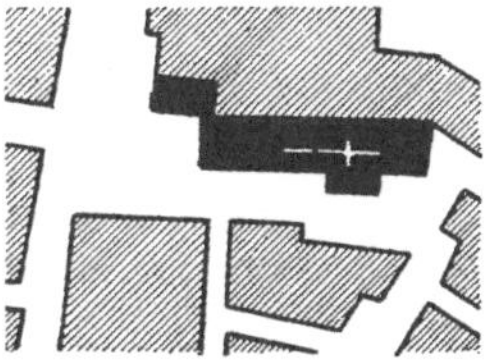

피아첸차 Piacenza 에서도 대성당을 포함한 모든 성당은 기존 건물에 통합하여 지었다. 특히 대성당광장은 성당 주 파사드 앞에서 길이 열리는 방향으로 놓였다. 그림16

한편 그 옆의 그림에서 보이듯 팔레르모 Palermo 의 산타치타성당 Oratorio del Rosario di Santa Cita 과 같이 성당광장이 건물에 가로막힌 경우도 드물지만 있다. 그림17

이 사례들과 정반대인 현시대의 체계를 서로 견주어보면 이

그림12 베로나의 대성당광장

그림13 베로나의 산페르모마조레성당

그림14 베로나의 산타아나스타시아성당

그림15 로마의 판테온

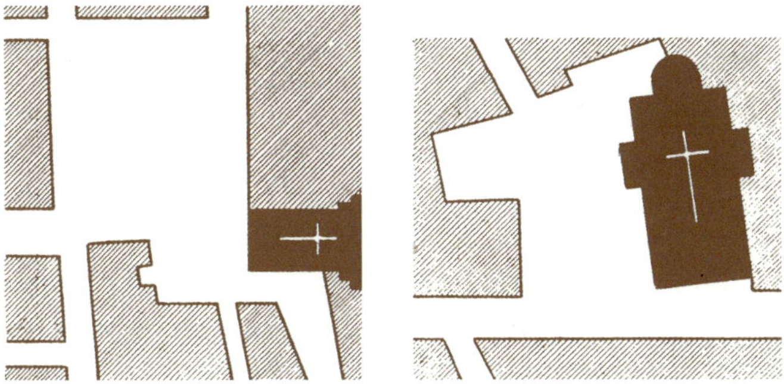

주제를 더 정확히 파악할 수 있을 것이다. 이 경우, 훌륭한 성당 건물이 즐비한 로마보다 더 적합한 도시는 없다. 어느 조사에 따르면 놀랍게도 총 255채의 성당 가운데 41채가 한 면이 다른 건물에 접한 형태이며 96채가 두 면, 110채는 세 면에 접해 있다고 한다. 그리고 네 면이 모두 접하여 막힌 경우도 2채이고 6채는 완전히 독립하여 지어졌다고 한다.

더욱이 이 6채의 독립형 건물 중 2채는 현시대의 것, 즉 개신교와 성공회 건물이며 나머지 4채는 광장 가장자리나 모퉁이로 밀려난 형태이다. 그림18 다만 이러한 배치가 현시대에 계속 유지될 수는 없을 텐데, 기념비가 그러하듯 요즘은 교회 평면의 중심과 광장 중심을 정확히 맞추려고 하기 때문이다.

이렇듯 로마에서는 성당을 다른 건물에서 떨어뜨려 지을 수 없다는 원칙이 수호되었으며, 이탈리아 전역에서도 대부분 유효하다. 파비아 Pavia, 비첸차 Vicenza (다만 대성당은 독립형) 그림19, 크레모나

그림16 피아첸차의 대성당광장
그림17 팔레르모의 산타치타성당

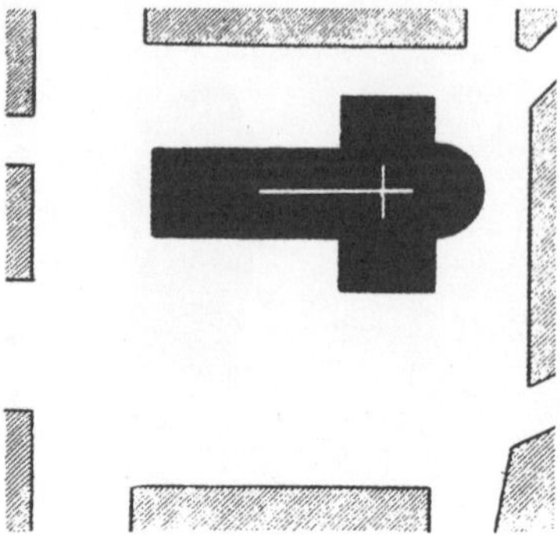

Cremona, 밀라노(대성당은 예외), 베네치아 Venezia, 나폴리 Napoli, 팔레르모(대성당은 예외) 그림20, 레조에밀리아 Reggio Emilia, 페라라 Ferrara 를 비롯해 그 밖에 많은 도시에서 성당은 기존 건물에 통합되어 있다. 이 책의 참고도판이 보여주는 독립적인 배치 그림18-20 도 근대식이 아니라 기념비를 광장 가장자리에 배치하는 고대의 방식을 따르며, 이는 기념비보다 건축물과 관련하여 더 높은 수준에서 중요성을 띤다. 왜냐하면 이 성당들은 그리 크지 않은 광장에서 적절한 거리에 떨어져 있으면서 충분한 효과를

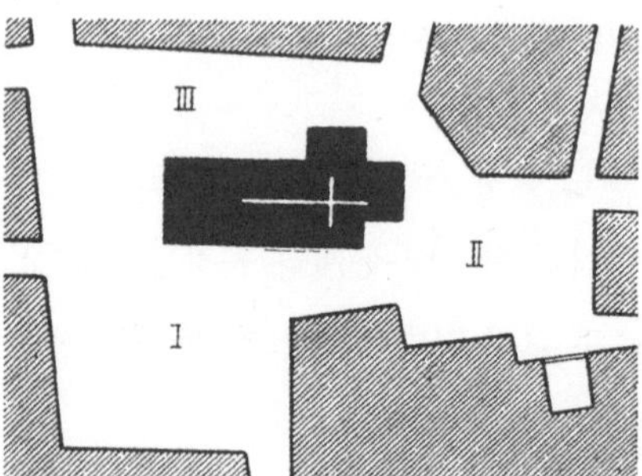

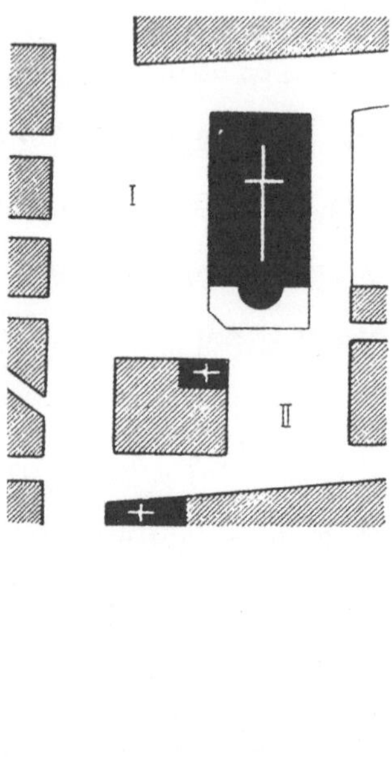

그림18 루카의 산미켈레성당

그림19 비첸차의 바실리카팔라디아나

그림20 팔레르모의 대성당광장

발휘하기 때문이다.

브레시아대성당 Duomo Vecchio di Brescia 은 배치가 독특하지만, 대성당 정면부가 광장의 경계를 명확히 설정해주기 때문에 앞에서 설명한 옛 체계에 부합한다고 할 수 있다. 그림21

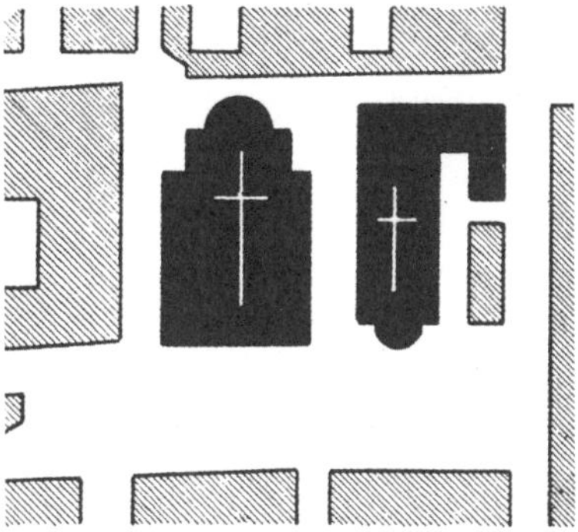

이렇게 긴밀히 고안된, 의도적으로 구현된 체계는 현재 적용되는 직선 일변도의 방식과는 전혀 다른 것이다.

요즘은 새로운 성당이란 모름지기 부지 한가운데 있어 사방으로 드러나야 한다고 생각한다. 하지만 이런 방식은 단점투성이다. 이런 식으로 배치하면 건축 효과가 어느 하나에 집중되지 않고 뿔뿔이 흩어져버린다. 이렇게 사방으로 노출된 건물은 마치 장식 접시에 진열된 케이크처럼 영원히 홀로 남겨진다. 주변과 상생하는 유기적인 고착의 가능성이 태생적으로 배제되기 때문이다. 극장 무대와 유사하게 광장에서 건물이 물러서 있는 공간감을 성공적으로 부여하고 제대로 된 원근 효과를 자아내고자 한다면, 그 환경에서 파사드를 전체적으로 조망할 수 있게 건물을 배치해야 한다.

게다가 건물을 사방으로 노출하면, 큰 비용을 들여 고급 석재로 된 기단, 처마 장식 등을 건축적으로나 장식적으로 모든 방향의 파사드에 둘러쳐 시공해야 해서 건축주에게도 매우 불리하다. 이와 반대로 만약 성당 건물을 다른 건물에 접하여 지으면, 주 파사드를 처음

그림21 브레시아의 신, 구 대성당에 면한 대성당광장

부터 끝까지 대리석으로 장식하고도 조각이나 보석 장식을 할 수 있는 비용이 남을 것이다. 한 시점에서 모든 것을 동시에 볼 수 없다는 점을 떠올려볼 때, 이런 배치는 (비용 절감에 따라 더욱 빈곤해질 따름인) 똑같은 처마 띠를 끝없이 둘러치는 단조로운 시공과는 완전히 다른 것임을 알 수 있다. 부속 수도원, 사제관, 학교와 연결되는 구조는 특히 겨울이나 악천후 상황 등 여러 면을 고려할 때 바람직하며 만약 성당을 독립형으로 배치하면 사용하는 데 치명적인 단점을 감수해야 한다. 최악은 이러한 옛 배치와 광장의 구성 자체가 사라져버린다는 것이다. 도로를 확장할 수 있다는 점을 제외하고 이전 광장에서 남아날 것이 아무것도 없기 때문이다. 그래서 예를 들어 빈의 제4구에 있는 카롤리넨광장 Karolinenplatz, 엘리자베스성당이 중심에 위치하는 광장 같은 곳은 광장으로 불리기에 매우 이상해 보이는 것이다.

이런 독립형 배치가 여러 면에서 불리하다는 점이 증명된 데다 교회 건축사의 흐름이 이에 맞서는 것이 사실이지만, 전 세계의 새로운 성당은 여지없이 광장 중앙에 세워지고 있다. 정말이지 제정신이 아니다.

극장, 시청 등 공공건물도 죄다 이렇게 배치한다. 요즘 사람들은 모든 것을 보아야 한다거나 공간을 비우는 것만이 옳다는 착각 속에 살아간다. 이렇게 비워낸 공간이 극도로 지루하며 다양한 효과들을 파괴한다는 사실은 전혀 고려하지 않는다. 좁은 뒷골목에서 바라본 스트로치궁 Palazzo Strozzi, 메디치 가문과 더불어 르네상스 시대 피렌체를 대표했던 스트로치 가문의 저택 의 웅장한 정방형 매스가 얼마나 훌륭한지는 옆의 그림에서 여실히 확인할 수 있다. 그림22 이런 배치 방식은 광장은 물론 후면의 좁

그림22 피렌체의 스트로치궁

은 골목에서도 제대로 효과를 발휘하며 이로써 두 배의 가치를 지니는 셈이다.

고유한 창작물을 가능한 한 불균형하게 배치하거나 옛 거장의 작업을 노출시키려는 시도는 (건물을 광장 중앙에 두려고 하는) 현시대의 기호를 충족하지 못한다. 이 창작물들이 주변과 어우러져 특정하게 구성되고, 그 전체 효과가 보전되는 한에서만 창작물을 노출시키겠다는 것이 명백한 경우라도 마찬가지다. 예를 들어, 다행히도 건설이 중지되었지만 빈의 카를교회 Karlskirche 에 적용된 노출식 배치는 기념비적인 재앙으로 남을 뻔했다. 현재 건물 형태와는 다르지만, 로마 산피에트로성당처럼 두 개의 측면 통로가 있는 이 성당의 주 파사드는 애초에 이러한 결합 모티브를 통해 양쪽 건물과 연계되도록 계획했다. 그러나 이런 모티브에는 노출을 적용할 여지가 없다. 이 경우 두 개의 커다란 아치문이 생기는데, 어디로도 연결되지 않기에 이 두 문은 빈 광장에서 무의미해질 것이기 때문이다. 돔은 노출의 여지가 더욱 적다. 평면의 형태가 타원형이어서 측면에서 바라볼 경우, 너무 넓고 기이하며 보기에 아름답지 않을 것이다. 피셔 폰 에를라흐 Fischer von Erlach, 오스트리아 태생의 바로크 양식을 대표하는 건축가 는 모든 종류의 장점과 혁신을 갖춘 이러한 원형을 고수했는데, 그 이유는 측면도는 제외하고 오직 정면도에 관해서만 비례를 설정할 수 있기 때문이었다. 만일 누군가가 그의 작업에서 전체 개념에 대한 이 필수의 전제조건을 박탈한다면, 그의 예술적 정당성을 강탈하고 거장에게 큰 불의를 행하는 셈이다.

하지만 그런 사례는 많다. 이 현상은 라인하르트 바우마이스터 Reinhard Baumeister, 19세기 중반–20세기 초반에 활동한 독일 태생의 건축 엔니지어 및 도시계획가 가 그의 도시설계 핸드북 『기술, 건설정책, 경제 측면에서의 도시확장 *Stadt–Erweiterungen in technischer, baupolizeilicher und wirthschaftlicher Beziehung*』, Berlin: Ernst & Korn, 1876 에서 다음과 같이 정의했던 유행병이자 노출증에 해당한다. "오래된 건물은 보호하되 노출시키고 복원해야 한다. 더불어 주변을 재설계하여 빈 광장 위로, 도로의 축으로 가지고 와야 한다." 실제로 이런 작업이 모든 곳에서 실행되었고, 특히 오래된 도시의 성문을 노출시키는 방식으로 꽃피우고 있다. 뤼벡 Lübeck, 독일 북부 슐레스비히홀슈타인주의 도시 의 홀슈타인문 Holsteintor, 슈텐달 Stendal, 독일 북부 작센 안할트주의 도시 의 탕헤르뮌데문 Tangermündetor, 하이델베르크 Heidelberg, 독일 남부 바덴뷔템베르크주의 도시 의 카를문 Karlstor 이 그러하며 최근에는 레겐스부르크 Regensburg, 독일 남부 바이에른주의 도시 인근의 포르타피아문 Porta pia 도 노출시키기로 결정했다. 그 안으로 통과하는 대신 주변을 산책할 수 있게끔 사방으로 노출된 도시 성문은 진정 아름다운 것이리라!

III.

닫힌 공간으로서 광장

성당과 궁전을 기존 건물에 덧짓는 현상과 관련하여, 외부에 굳게 닫힌 형태인 고대의 포룸 유형을 다시금 살펴볼 필요가 있다. 중세와 르네상스 시대의 광장, 특히 옛 특성을 간직한 이탈리아의 광장을 보면 전통이 오랫동안 보존되어왔고 이것이 공간 전체에 조화의 효과를 미친다는 점을 바로 알 수 있다. 지금까지 설명했듯 도시에서 주요한 위치에 있는 텅 빈 공간이 주로 광장이 된다는 건 틀림없는 사실이다. 요즘은 사방이 도로로 둘러싸였으며 아무것도 건설하지 않은 공터, 그저 텅 빈 노천 부지도 광장으로 칭하곤 한다. 하지만 위생상으로나 몇 가지 기술적인 면에는 부합할지 몰라도, 예술성과 관련하여 그런 곳들은 아직 무언가 건설되지 않는 부지일 뿐 도시광장이라고 할 수 없다. 이런 관점에서 더욱 엄격히 주장하자면 장식, 의미, 성격 등의 조건이 필요하다. 마치 가구를 채워놓은 방과 텅 빈 방이 있듯이 광장이라고 규정된 장소와 아직 아무것도 정해지지 않은 공터가 있는 셈인데, 방이든 광장이든 중요한 조건은 그곳이 닫힌 공간

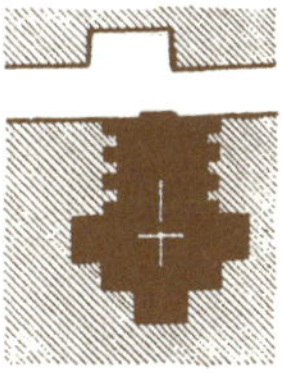

이라는 것이다.

현시대에 도시설계를 수립하는 이들은 이렇게 중요하고 필수 불가결한 일차 조건들을 이해하지 못한다. 반면 고대인들은 매우 다양한 상황에서 공간의 특성, 즉 닫힌 성격을 조성하기 위해 여러 방법을 동원했다. 물론 당시는 지금보다 도로 폭이 좁고 교통량도 적어서 전통을 유지하기에 유리한 면이 있었다. 다만 옛사람들은 주변 환경이 전혀 돕지 않아도 재능과 타고난 감각을 명쾌하게 선보였다. 지금부터 살펴볼 사례들이 이를 증명한다. 가장 단순한 경우는 기념비적 건물 맞은편 건물 매스에서 공간이 비워지고, 동시에 이 공간이 다른 건물들에 적절히 둘러싸여 있는 상황이다. 브레시아 Brescia, 이탈리아 북부 롬바르디아주에 있는 도시 의 산조반니대성당 Basilica di San Giovanni in Laterano 앞 작은 광장이 이런 식으로 조성된 수많은 사례 중 하나에 해당한다. 그림 23 때로는 두 번째 골목이 광장으로 이어지기도 하지만, 눈여겨볼 사실은 가장 중심이 되는 시야에선 주요 건물들에 둘러싸인 장면을 보게 된다는 것이다. 광장 안에서 펼쳐지는 이러한 장면의 결합 양상은 우연이 아니며 다양한 방식으로 구현된다. 광장이 거의 형성될 즈음엔 이미 각 요소가 친밀한 관계를 맺으니 이를 어찌 우연이라 할 수 있을까. 한편 이러한 상황을 활용하거나 유지하는 것 역시 우연은 아니다. 다만 요즘은 잘 닫힌 형태의 옛 광장을 확장하고 현대화하려는 시도에 따라 도처에서 다음과 같은 일들이 일어난다. 바로, 광장의 모든 요소를 제거하고 광장 벽면에는 큼직한 출구를 내버리는 것이다. 하지만 옛 광장에선 어김없이 도로의 연결과 관련하여 요

그림 23 브레시아의 산조반니대성당

즘과는 정반대의 현상을 발견할 수 있는데, 이는 결코 우연이 아니다. 요즘은 모든 광장의 모퉁이에서 두 길을 서로 수직으로 교차하는 방식이 관례이며, 광장 벽면에 구멍을 더욱 크게 뚫는다. 이 바람에 주택블록이나 건물블록이 고립되어 광장의 닫힌 성격에 따른 전체 효과가 전혀 빛을 발하지 못한다. 고대에는 정반대로 광장 모퉁이에 오직 하나의 길만 연결되게끔 했으며, 두 번째 길은 광장에서 보이지 않도록 충분히 나아간 지점에서 갈라지도록 했다. 세 번째 혹은 네 번째 모퉁이 길도 서로 다른 방향으로 이어지게 했다. 약간의 주의가 필요하나 이런 사례가 전체적으로 혹은 부분적으로 차이는 있을지라도 매우 빈번하게 발견되므로 이 역시 의식적이거나 무의식적으로 우세했던 옛 도시설계의 원칙으로 보아야 할 것이다. 좀 더 자세히 살피면, 마치 터빈 엔진의 날개처럼 길이 뻗어나가게끔 한 이러한 배치 방식은 광장 어디서든 그 닫힌 특성을 훼손하는 요소가 하나 이상 생기지 않게끔 방지하는 데 가장 적합한 방안이었다. 또 광장의 각 위치에서 바라본 시야가 그렇듯이, 도로로 연결된 부근의 건물들이 원근법에 따라 겹쳐지고 이런 상호 겹침으로 인해 눈에 띄는 불편한 구멍이 생기지 않아서 광장의 전체 틀이 깨지지 않고 유지된다. 그림24

전체상과 관련하여 또 하나의 비밀은 광장으로 연결된 도로가 시선의 방향과 평행하지 않고 사선으로 비스듬히 놓였다는 것이다. 이는 중세 초기부터 건축업자, 목공 등이 각자의 영역에서 나름대로 활용하여 돌이나 나무 이음매를 숨기거나 가능하면 눈에 띄지 않게 해왔던 기교의 일종이다. 이를테면 목공이 (여닫이문의 양옆으로 튀어나와서 외풍을 막는 기능을 지닌) 돌출부 등을 마감하는 방식도 이 원칙을 계승하거나 꾸준히 활용한 끝에 생겨났다.

아래의 그림과 같이 라벤나 Ravenna, 이탈리아 에밀리아로마냐주의 도시 의 대성당광장은 의미 있는 배치를 보여줄 뿐 아니라 가장 독창적인 유형을 선보인다. 그림25 피스토이아 Pistoia, 이탈리아 토스카나주의 도시 의 대성당광장을 비롯해 다른 많은 광장도 이 사례에 속한다. 만토바 Mantua, 이탈리아 롬바르디아주의 주도 의 산피에트로광장 Piazza San Pietro 은 이 유형을 꾸밈없이 구현한 경우다. 그림26 다만 브레시아의 산클레멘테성당 Chiesa di San Clemente 앞 광장은 일부만 부합한다. 그림27 이미 말했듯 이 원칙은 피렌체 시뇨리아광장의 배치에도 숨겨져 있다. 그림28 넓은 폭의 주도로는 이 원칙을 그대로 따르고, 로지아 데이 란치 옆에서 불과 1미터 남짓한 너비로 좁혀든 중간 골목은 실제로 거의 눈에 띄지 않으며 계획했던 원래 폭보다도 훨씬 좁게 조성

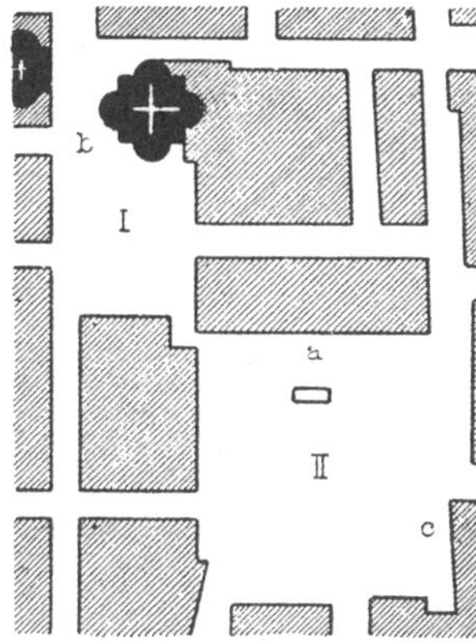

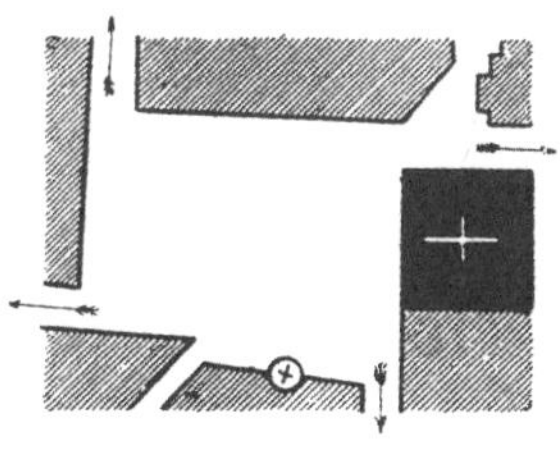

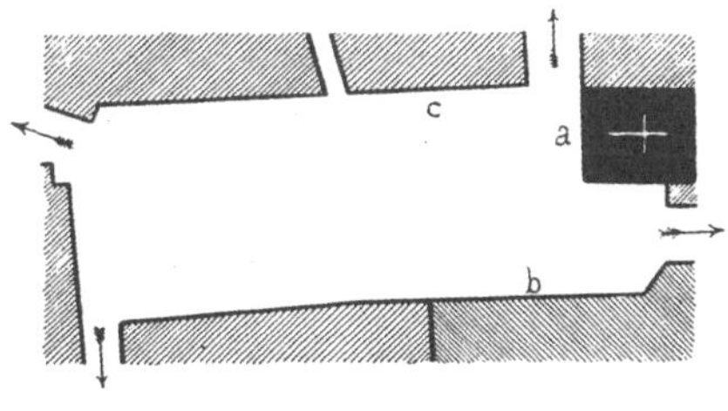

그림24 **파르마** a. 코무네궁 b. 마리아델라스테카타성소 c. 포데스테리아궁 I. 스테카타광장 II. 대광장

그림25 **라벤나의 대성당광장**

그림26 **만토바의 산피에트로광장** a. 산피에트로성당 b. 레알레궁(현 카피타노궁) c. 베스코빌레궁

되었다. 빈의 신시장광장 Der Neuen Markt 은 광장으로 유입되는 도로의 폭이 넓은데도 닫힌 전경을 간직한 사례이다. 그림29 또한 이 광장은 (아주 엄격히는 아니지만) 닫힌 광장의 체계에 따라 구성되었다. 마찬가지로 장크트푈텐 St. Pölten 의 시청광장과 다른 광장들도 이러한 유형에 따른다. 수많은 광장이 최소한 부분으로나마 이러한 체계에 기초한다는 사실은 이전에 제시한 스케치 그리고 앞으로 주어질 광장 스케치를 통해 확인할 수 있다.

벽을 쳐서 광장을 둘러쌌던 옛사람들의 방식이 이제 효력을 잃었다는 뜻은 아니다. 이러한 목적에서 자주 사용되는 모티브가 있기 때문이다. 교통량에 따라 그 수와 크기를 자유롭게 조절할 수 있으면서도 광장 전경을 완벽하게 마무리해주는 것, 바로 건물 하부에 지은 넓은 아치형 통로(아케이드) 말이다.

이 훌륭한 모티브도 요즘은 대가 끊겼는데, 더 정확히 말하면 소멸해버렸다. 이 모티브를 적용한 훌륭한 사례에는 피렌체 시뇨리아광장에 인접하여 아르노강 Arno 을 조망할 수 있는 우피치궁 주랑현관 Portico degli Uffizi 이 있다. 그림30 이탈리아의 대도시 어디서나 이 모티브가 적용된 사례를 발견할 수 있다. 게다가 알프스 이북의 도시들은 이 모티브를 주거공간에도 적용했다. 몇몇 유려한 걸작들만

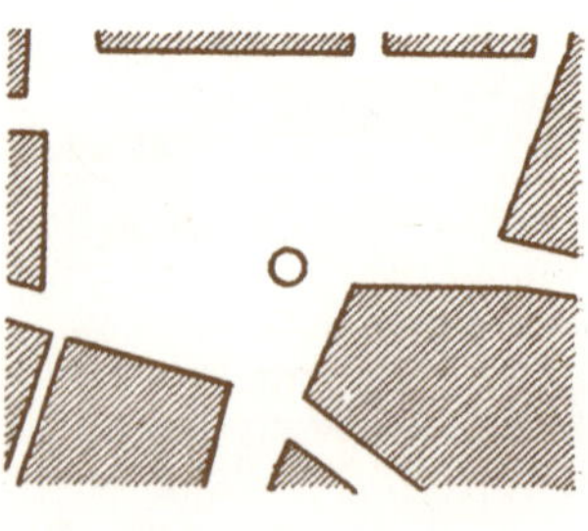

그림27 브레시아의 산클레멘테성당

그림28 피렌체의 시뇨리아광장

그림29 빈의 신시장광장

그림30 피렌체의 우피치궁 주랑현관

꼽아보면 이러하다. 섬세한 구성과 비율에 따라 지은 세 개의 통로와 궁전건축 양식을 지닌 그단스크 Gdańsk, 폴란드 북부 포모제주의 항구도시 의 랑가스문 Langgasser Tor, Złota Brama, 브뤼헤 Brugge, 벨기에 북부 베스트플란데런주의 도시 시청과 정부청사 사이의 아치형 대문, 1592년에 뉘른베르거 W. Nürnberger 가 네이메헌 Nijmegen, 네덜란드 동부 헬데를란트주의 도시 에 지은 교회 아치 Kerkboog. 한편 드레스덴 Dresden, 독일 북동부 작센주의 도시 에 있는 임대주택 건물 하층부에 지어진, 뷔어거비제 Bürgerwiese 에서 포어티쿠스거리 Portikusstraße 를 잇는 통로의 평면도 비슷한 점이 있다. 각각 두 개의 차량 통로와 보행로를 가진 이 건물은 교통의 흐름을 최대한 유지하면서도 닫힌 광장 벽의 역할을 훌륭하게 수행한다. 그 무엇에 비할 데 없는 빈 요제프광장 Josefsplatz 의 아름다움 역시 두 개의 아치 통로를 조정한 덕분에 탄생했다. 이곳은 필수적인 교통의 흐름을 유지하면서도 세 개의 주요 광장 벽의 기능을 감탄스러울 만큼 훌륭하게 통합해낸 사례이다. 이와 비슷하게, 도심의 차량 운행이나 보행 등 교통을 위해 단순한 형태로 지었거나 개선문 형식의 아치 통로를 갖춘 주거형 건물들도 있다. 여기에 성이나 시청(의 정문) 같은 대규모 건물까지 더해 보면, 이 모티브가 풍부할 뿐 아니라 그 변형도 끝이 없다는 사실을 알 수 있다. 하지만 요즘 도시 건설업자들은 이 모티브에 전혀 신경을 쓰지 않는다.

이쯤에서 고대는 어떠했던가를 비교하기 위해 폼페이 포룸 그림31 으로 들어서는 관문을 떠올려보자.

닫힌 광장을 구성하는 고대의 방법들은 절멸하지 않았으며 주랑현관 역시 그러하다. 로마에서 가장 큰 광장인 산피에트로성당 광장 Piazza San Pietro 그림0 참조 은 주랑현관으로만 형성되었으며, 이 모티브는

그림 31 폼페이 포룸

건물 사이의 틈을 메우는 데 사용되어 적절한 효과를 거두었다. 때로는 잘츠부르크 Salzburg, 오스트리아 서부 잘츠부르크주의 도시 의 대성당광장처럼 관문과 열주의 모티브가 서로 겹치는 경우도 있다. 그리고 이 열주들은 피렌체의 산타마리아노벨라성당 Basilica di Santa Maria Novella 이 그렇듯 건축적으로 잘 구성된 닫힌 벽으로 바뀌거나, 밤베르크 Bamberg, 독일 남부 바이에른주의 도시 에 있는 1591년에 지어진 옛 주교관저 alten bischöflichen Residenz 처럼 단순해지거나, 또는 개선문 형식의 입구와 함께 연속하여 둘러싸는 형태의 벽면으로 통합되기도 한다. 1562-1564년에 알텐부르크 Altenburg, 독일 남부 튀링겐주의 도시 에 건축가 그로만 Nikolaus Grohmann 이 설계한 시청사, 프라이부르크 Freiburg im Breisgau, 독일 남부 바덴뷔템베르크주의 도시 의 대학건물 등 유럽 곳곳에서 수많은 사례를 꼽을 수 있다.

한편 이전 시대에 지어진 단일한 기념비적 건물에는 건축가 니켈 호프만 Nickel Hoffmann 이 1548년에 설계한 할레 Halle 시청사라든가 빌헬름 베르니케 Wilhelm Vernicke 가 1569년에 설계한 쾰른 Köln 시청사가 그렇듯이 상층부에만 로지아가 자리한다. 한편 로지아가 지상 1층에 위치하는 경우는 지금보다 훨씬 빈번했는데, 수많은 사례에서 몇 가지만 꼽아보면 이러하다. 파더보른 Paderborn 의 시청사 아케이드, 건축가 얀 슈포레만 Jan Sporeman 이 1621-1622년에 지은 이퍼르 Ieper, 벨기에 서부 베스트플란데런주의 도시 시청사, 암스테르담 구舊 시청사 아케이드, 뤼벡 시청사의 아케이드 통로, 브라운슈바이크 Braunschweig, 독일 중부 니더작센주의 도시 의 아케이드식 원단시장 거리, 두 모퉁이 탑 사이 상층부에 로지아가 위치한 브제크 Brzeg, 폴란드 남서부의 도시 의 시청사, 뮌스터 Münster, 북서부 노르트라인베스트팔렌주의 도시 와 볼로냐 Bologna, 이탈리아 북부 에밀리아로마냐주의 도시 에 자리한 아케이드 유형의 많은 시장광장들. 그리고 볼로냐 인근 세르비 아케이드 Portico dei servi 와 팔라초 델 포디스타 Palazzo del Podestà, 볼로냐의 공공청사 건물 의 아름다운 현관홀, 브레시아 몬테 베키오 Monte di Pietà Vecchio 의 화려한 아케이드, 우디네 Udine 와 피렌체의 산티시마안눈치아타성당 Basilica della Santissima Annunziata 의 아름다운 로지아 등도 기억할 만한 가치가 있다. 개방형 주랑의 모티브는 중정형 건축, 수도원 회랑, 공동묘지 등에서 다양한 방식으로 발전했다. 여기서 짚어본 모든 배치와 건축 유형은 오랫동안 자연스럽게 닫힌 공간이었던 광장의 전체 체계에 통합되었다.

이에 반해 최근에는 광장을 모든 방향을 향하여 열린 공간으로 조성하려는 경향이 있다. 앞서 보았듯이 이러한 현상의 의미는 한마디로 정리할 수 있다. 이는 옛 광장을 말살하려는 시도이다. 그래서 이렇게 불행한 프로젝트들이 실현되는 곳마다 광장의 공간 효과는 영원히 사라지고 만다.

IV.

광장의 규모와 형태

광장과 그 주변에 자리한 주요 건물 사이의 형태적 상호성을 떠올려보면 도시광장의 높이와 폭의 형식에 관해 중요한 이야깃거리가 많다는 점을 알 수 있다. 방문자의 위치와 시점에 따라 다르기는 하겠지만, 여기서 말하는 광장의 일반적인 높이나 폭이란 광장에서 주요 건물들을 바라보고 서 있는 상황을 기준으로 한다. 이 경우, 예를 들어 피렌체 산타크로체성당 Basilica di Santa Croce 앞 광장은 높은 광장 Höhenplatz 으로, 더 정확히 표현하면 깊은 광장 Tiefenplatz 으로 부를 수 있다. 이 경우에 중심 건물이 가장 잘 보여야 하고 그 규모, 치수, 조형 장식 등 모든 요소가 최대한 효과를 발휘할 수 있게끔 배치해야 한다. 그림32 좀 더 깊이 생각하면, 깊은 광장에선 성당의 주 파사드가 그렇듯이 중심 건물이 광장의 짧은 면을 배경으로 높이 솟아올라 깊은 공간감을

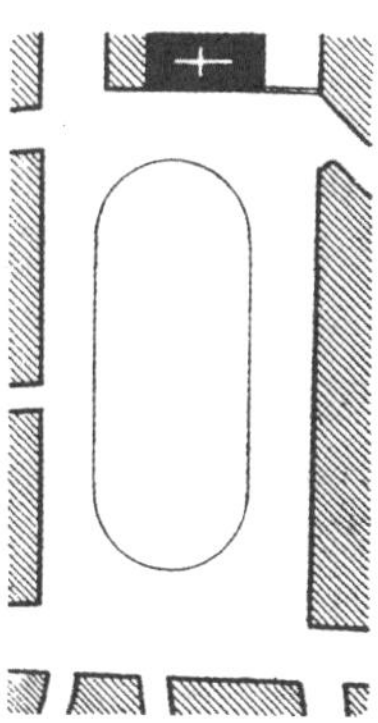

그림32 피렌체의 산타크로체성당

자아낼 때 그 효과가 두드러지리란 것을 확실히 알 수 있다. 반면 시청사라면 가로 방향으로 전개되는 건물 형태에 따라 광장의 폭을 정해야 할 것이다. 그렇다면 성당광장은 대부분 깊은 광장으로, 시청광장은 넓은 광장 Breitplatz 으로 이를 수 있을 것이며 기념비 등의 배치 방식도 각각에 따라 접근해야 한다. 모데나 Modena, 이탈리아 북부 에밀리아로마냐주의 도시 의 레알레광장 Piazza Reale, 현재 Piazza Roma 은 그 형식과 크기 면에서 잘 배치된 넓은 광장의 사례로 꼽을 수 있다. 이에 반해 그와 인접한 성당광장인 산도메니코광장 Piazza San Domenico 은 깊은 광장의 한 유형으로서, 성당을 바라보는 모든 시야각을 고민해서 길이 합류하도록 슬기롭게 배치한 점이 눈에 띈다. 성당 앞으로 도로가 나 있지만, 주요 시선의 방향이 이와 수직으로 형성되어 광장의 닫힌 성격이 훼손되지 않는다. 성당을 바라보는 사람의 뒤편에는 성당 쪽으로 난 두 갈래 길이 자리하는데, 그 길들은 시선의 뒤에 있어 눈에 띄지 않으므로 역시 광장의 닫힌 성격을 방해하지 않는다. 그림33 한편 총독관저 Palazzo de Ducale 의 끝단을 돌출시켜서 모퉁이 길 Viale III Fabraio 로 향하는 시선을 효과적으로 차단하는 동시에 양 광장이 교묘히 구분되게끔 한 점도 인상적이다. 두 광장이 가까이 있지만 적절히 대조를 이루면서 각자 광장 효과를 높인다는 점 역시 주목할 만하다. 레알레광장은 대규모의 넓은 광장이고 산도메니크광장은 소규모의 깊은 광장으로서 각각 관저와 성당의 주 파사드가 그 경관을 지

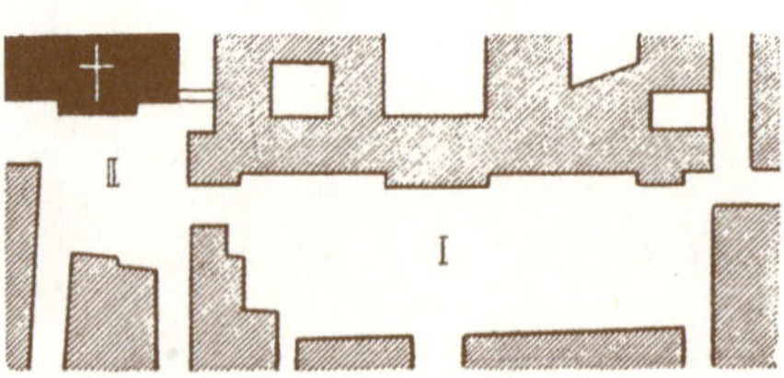

그림33 모데나 I. 레알레광장 II. 산도메니코광장

배한다. 이렇게 광장을 이루는 각 시설의 효과와 그 이유를 분석하는 작업은 정말 즐겁다. 여느 진정한 예술이 그렇듯이 이 과정에서 늘 새로운 아름다움, 참신한 예술의 기교와 수단을 발견할 수 있기 때문이다. 때로 문제를 해결하기가 어렵고 개념에 맞는 순수 유형을 찾는 데 어려움이 따르지만, 그러한 경우도 각 시대의 요구와 역사의 발전에 있어 의미 있는 영향을 준 것이 틀림없다.

형식을 엄격하게 정의할 수 없듯이, 광장의 규모도 중심 건물과 의미 있는 일치를 이루면서 관계를 맺는다.

광장이 너무 작으면 기념비적 건물이 온전한 효과를 내지 못한다. 반면 광장이 너무 크면 아주 거대한 건축물도 광장에 비해 작아 보여서 곤란하다. 이 현상은 특히 로마의 산피에트로성당과 그 광장에 관하여 여러 번 거론된 적이 있다.

광장의 실제 규모와 인간 감각에 따른 지각 효과가 일치한다고 생각한다면 착각이다. 지각 현상에 관한 유사 영역의 연구 결과가 알려주듯이 지각은 절대적 규모에 비례하여 계속 증가하지 않으며 어느 선에 이르면 완전히 멈춘다. 예를 들어, 한 합창단이 빚어낼 수 있는 최대 음량은 400여 명이 함께 가창하는 경우이며 여기에 200명이나 400명 혹은 그 이상의 인원을 더해도 인간이 지각하는 음량이 더 커지지는 않는다. 광장의 규모도 바로 이런 양상에 따른다. 초기에는 그 폭이 몇 미터에 지나지 않는 광장에 좁은 띠를 돌리는 것만으로 규모가 훨씬 크게 지각되는 효과가 나타날 테지만, 이미 거대한 규모의 광장이라면 소용이 없을 것이다. 광장이 지나치게 넓으면 광장과 건물 사이의 관계가 소멸되고 만다. 요즘 도시에서 대규모 광장은 부대 연병장만큼 크다. 그리고 광장 가장자리에 놓인 건물들은 광장의 규모와 더 이상 비교할 만한 관계를 맺지 않아서 도시광장의 효과는 거의 없다고 해야 할 것이다. 저 멀리 보이는 마을 전경이나 풍경 너머에 있는 빌라와 다르지 않다. 이런 대규모 광장으로는 파리의 마르스광장 Champ de Mars, 베네치아의 마르테광장 Campo di Marte, 트리에스테 Trieste, 이탈리아 동북부 프리울리베네치아줄리아주의 도시 와 토리노 Torino, 이탈리아 북서부 피에몬테주의 주도 의 아르미광장 Piazza d' Armi 등이 있다. 한편 시청광장처럼 다른 여지가 없는 도시광장들은 혹여 불균형하게 큰 광장으로 오인될 소지가 있어 연구 범위에 포함하지 않았다. 공간 예술에서는 모든 것이 상호관계에 달려 있으며 절대적 크기의 영향은 극히 제한적이므로 이런 (대규모) 광장에서는 거대한 건축물도 평범한 규모로 줄어들어 보인다. 다만 우리의 정원에 2미터나 그 이상 가는 난쟁이 조각상과 엄지만 한 헤라클레스 동상이 자리한다고 해도, 난쟁이는 큰 난쟁이이고 헤라클레스는 작더라도 여전히 영웅인 것이다.

도시설계 분야에 종사하는 이들에겐 자신이 거주하는 도시에 있는 크고 작은 광장들의 실제 규모를 비교하는 작업이 분명 도움이 된다. 이 작업은 자연의 실제 척도와 인간이 지각하는 크기 사이에 아무런 관계가 없다는 점을 입증해준다. 예를 들어, 빈 제8구에 있는 피아리스텐광장 Piaristenplatz 은 실제 면적을 훨씬 상회하는 공간의 효과를 보여주는 사례이다. 47미터에 이르는 광장의 폭은 역시 빈에 자리한 링거리 Ringstaße, 오스트리아 빈의 역사적 중심부를 지나는 대표적인 순환도로 보다 10미터가량 좁지만, 언뜻 보면 링거리의 폭이 더 좁게 느껴진다. 이는 광장의 구성이 교묘하기 때문이다. 마찬가지로 성당의 주 파사드도 적절히 배치하기만 하면 실제 크기 이상의 장엄한 인상을 전달할 수 있다.

건축선 규정에 따르면 이 시점에 도로 확장이 계획되었는데, 그 이유는 단순히 이런 일이 유행했기 때문이다. 이곳은 교통량이 매우 적고 옛 도로의 폭도 (적당하므로) 불편한 적이 없었고 이런 식의 확장 사업은 전혀 필요하지 않았다.• 그런데도 확장이 불필요한 도로마저 모두 넓혀버리는 게 유행처럼 번지고 있다. 기본 해체 작업에 드는 상당한 비용을 줄이는 데에도 도움이 안 되고, 미관을 해치는 부적절한 건물의 전면부와 후면부를 조정하기 위한 작업도 아니다. 오직 누구도 원치 않는 목표를 달성하기 위해 그리하는 것이다. 확장 공사의 유일한 효과는 길을 넓힌 덕분에 옛 광장이 별로 커 보이지 않는다는 것뿐이다. 그런데 광장이 더 이상 커 보이지 않으면 이는 성당의 주 파사드에도 같은 영향을 미친다. 이에 관련하여 살필 만한 것이 빈의 아름다운 마리아 테레지아 Maria Theresia 기념비이다. 이 기념비의 크기와 모양은 궁정박물관과 거대한 광장 규모에 딱 맞추어 균형을 이루기에 단 한 뼘도 옮겨서는 안 된다. 그리고 이 기념비가 슈테판교회 Stephankirche 내부의 높이와 비슷하다는 사실을 눈대중만으로는 전혀 알 수가 없다.

이로부터 우리는 무엇보다 광장의 크기와 건물의 규모가 적절한 관계를 맺어야 한다는 것을 알 수 있다. 여느 예술이 그렇듯이 이 관계는 정확히 설정할 수 없으며, 오히려 상당히 변덕스러운 조건들에 영향을 받는다. 주요 대도시의 도시설계를 살펴보면 알 수 있다. 기둥과 보 사이의 관계가 형태 이론에 따라 정해지지 않듯이 건물과 광장 사이의 관계도 명확히 결정되지 않는다. 이러한 결정이 임의로

• 저자는 3년 동안 그곳에 살았기 때문에 경험으로 충분히 이를 증명할 수 있다.

이루어진다는 점은, 특히 도면 위에서 설정된 대략의 가정으로 시간이 이루어내는 느릿한 변화를 대신하곤 하는 현시대 도시설계를 떠올릴 때 바람직한 현상으로 보인다. 지금까지 서술한 중요성과 광장의 절대적 크기를 감안해서, 이 책에 첨부한 도면 스케치는 가능한 한 동일 축척으로 그리고자 했으며 그 단위는 마지막에 수록한 그림 목록에 표기했다. 이 도면 스케치를 비교하는 것만으로 임의의 범위에 이르는 다양성이 생긴다. 그렇다고 해도 다음 규칙들은 여전히 눈여겨볼 만하다.

1. 대도시의 주요 광장은 소도시의 광장보다 크다.
2. 도시의 주요 광장 몇몇은 대단히 큰 규모이지만, 그 밖의 광장은 최소한의 크기여도 족하다.
3. 2에서 지정된 범주에서 1에서 지정된 영향을 생각할 때, 광장의 크기는 각 공간을 지배하는 건물의 크기, 즉 건축물의 한계선에 수직으로 측정(광장 바닥 레벨에서 주 처마 장식까지 측정)된 건물의 높이에 비례한다. 높은 광장이나 깊은 광장의 경우, 성당의 주 파사드는 광장의 길이에 비례해야 하며, 넓은 광장이라면 궁전 또는 시청사의 파사드 폭과 광장 폭이 비례해야 한다.

경험에 따라 요약하면 광장의 크기는 주요 형태, 목적 그리고 건축 디테일에서 예외적으로 큰 치수를 허용하지 않는 한 광장을 지배하는 해당 건물의 높이와 최소한 같아야 하며 더 극적인 효과를 원한다면 높이의 최대 2배로 지정할 수 있다. 만약 해당 건물의 층수가 낮거나 거칠게 마감해서 가로 방향으로 더 넓어 보이는 경우라면 광장이 더 커도 괜찮다.

마지막으로, 광장의 길이 대비 폭의 관계도 상당히 애매하게

그림 34 비첸차의 시뇨리광장

설명할 수밖에 없다. 이는 도면 위에서 정하는 것이 아니라 자연의 원근 효과에 의해 좌우되기 때문이다. 규칙은 어디까지나 상대적 가치를 지닐 뿐이다. 그러나 자연의 효과는 보는 사람의 관점에 상당히 의존적이며, 눈짐작만으로 측정해본 공간의 깊이는 매우 부정확하다는 점을 유의해야 한다. 따라서 광장의 길이와 폭의 참된 비율은 늘 부분적으로만 파악할 수 있다. 더불어 정사각형 광장은 그리 좋아 보이지 않지만, 길이가 폭의 3배를 넘어서는 너무 기다란 광장도 만족스럽지 않다.

일반적으로 넓은 광장은 길이와 폭의 차이가 깊은 광장보다 크지만, 상황에 따라 달라지기도 한다. 가장 결정적인 요인은 광장과 이어지는 도로의 폭이다. 오래된 도시에서는 좁은 골목이 작은 광장으로 이어지지만, 현시대에 조성된 그 넓은 도로를 능히 감당하려면 더 거대한 공간이 필요하다. 요즘 도로의 폭은 16미터에서 28미터에 이른다. 이는 많은 아름다운 옛 성당광장의 폭과 길이에 해당하는데, 예전에는 그 정도로 충분했을 뿐 아니라 우아한 닫힌 풍경을 선사해주었다. 물론 이는 오래된 도시에 맞추어 능란하게 도로를 배치했던 솜씨에 더하여 골목의 폭이 2미터에서 8미터에 불과했으므로 가능한 일이었다. 그러나 50미터에서 60미터에 이르는 지금의 주요 도로 옆이라면 얼마나 거대한 광장을 조성해야 관계의 효과를 얻을 수 있을까? 빈에 자리한 링거리의 폭은 57미터, 함부르크의 에스플라나데 Esplanade 는 50미터 그리고 베를린의 운터덴린덴 Unter den Linden 은 58미터이다. 심지어 파리의 개선문을 향하는 샹젤리제거리 Avenue des Champs-Élysée 의 폭은 142미터인데 이는 어떻게 설명해야 할까? 58미터에서 142미터라니, 이 정도면 오래된 도시에서 가장 큰 광장이 지닌 평균 크기에 맞먹는다. 건물이나 기념비의 인상은 점점 더 커지는 광장에 대응하기가 어렵고 결국 그 효과는 광장의 공간이 거대해질수록 줄어들 수밖에 없다.

최근 들어 많은 사람이 텅 빈 거대한 광장을 가로질러야 하는 상황에서 불편함을 느끼는 '광장공포증'이란 신경질환으로 고통받는다고 한다. 이 생리학의 관점은 (이미 말했듯이) 작고 오래된 광장을 큰 광장보다 선호하는 예술의 관점과 이어지고, 기념비 받침대 위에 있는 돌이나 청동으로 만들어진 인간도 이 질환에 감염되고 만다. 거대한 광장에 있는 조각상은 얼마나 커져야 하는가? 사람 키의 최소 2배, 3배 혹은 그 이상? 예술이 지닌 진정한 우아함은 이런 식으로는 달성하기가 애초에 불가능하다. 당연히도 광장공포증은 최신의 현대적 질병이다. 상상 속에서는 예술적 효과가 실제 크기를 대신하기에 인간은 상상 속에서나 거대하고 부유할 뿐 실제로는 작고 오래된 광장에서 안락함을 느낀다. 하품밖에 나오지 않는 지루한 현시대의 거대한 광장에선 저 아늑한 구시가지의 거주자들도 광장공포증이라는 유행병에 시달린다. 반면 상상 속에서 우리는 여지가 거의 없을 때까지 모든 것을 한 번에 수축시키는가 하면, 예술적 효과가 전무한 데 비해 너무나 커다란 것들에 익숙해졌다.

광장이 너무 비대해지면 주변 건물들은 불리해진다. 거대한 광장에 상응하여 건물이 한없이 커질 수도 없고, 건축가가 그의 예술적 수단을 모조리 소진하면서 전에 없이 볼륨을 쌓고 또 쌓는다고 해도 여전히 허전할 뿐이며, 지적이고 예술적이며 물질적인 수단을 총동원한다 해도 광장에 훨씬 못 미칠 것이기 때문이다.

R. 바우마이스터는 앞서 언급한 도시설계 핸드북에서 필요 이상으로 노출된 대형 광장은 건강상 어떠한 장점도 가져올 수 없고, 열감과 교통상황의 혼란만 야기할 것이라고 비판했다.

그런데도 요즘은 그러한 거대한 광장이 경쟁하듯이 넘쳐난다. 주요 도로의 비대한 폭에 그 광장들이 상응하는 것도 이상할 게 없다.

V.

옛 광장의 불규칙성

현시대에는 몇 시간씩 직선으로 달려 나가는 도로, 한 치의 오차 없이 규칙적인 형태를 지닌 광장의 조성 작업을 중요하게 생각한다. 하지만 이는 전혀 불필요하고 무의미한 데 노력을 쏟는 것으로, 예술적으로도 아무 목적이 없다. 옛 광장이 어떻게 달랐는지는 시라쿠사 Siracusa, 이탈리아 남부 시칠리아섬에 위치한 도시 의 대성당광장 그림35, 파도바의 에레미타니광장 Piazza Eremitani 그림36, 팔레르모 Palermo, 이탈리아 남부 시칠리아섬에 위치한 도시 의 산프란체스코광장 Piazza San Francesco di Paola 그림37 을 살피는 것으로 대신하고자 한다.

옛 광장에서 발견되는 전형적인 불규칙성은 점진적이고 역사적인 발전 과정에서 생겨났다. 지금은 쓸 수 없는 수로와 길, 여타 건축물이 간직한 저마다의 곡률이 당시에는 특별한 목적에 따라 만들어졌

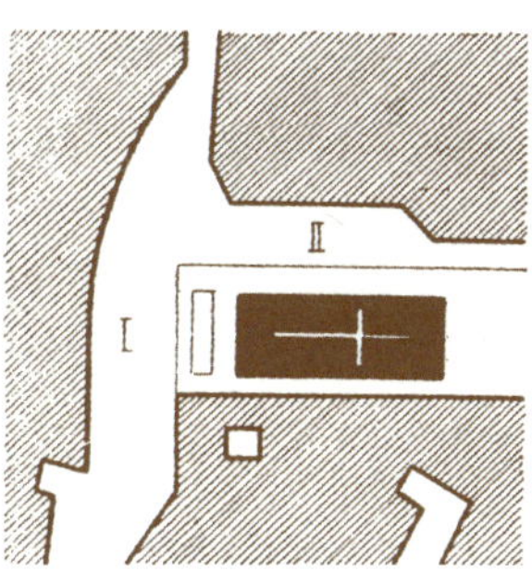

그림35 **시라쿠사** I. 대성당광장 II. 미네르바광장

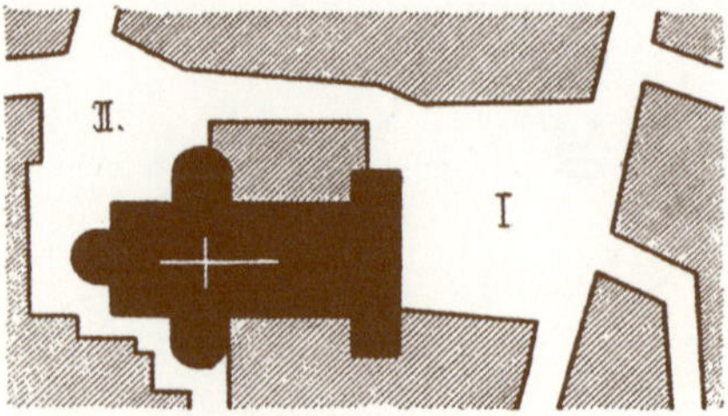

음을 부정할 수는 없다.

이런 불규칙성이 불편함을 초래하는 일은 전혀 없으며 오히려 자연스러움을 높이고 우리의 관심을 끄는 것은 물론, 장면의 회화적인 특성을 강화한다는 것이 그간의 경험으로 얻은 결론이다. 다만 이 불규칙성이 한계를 넘어 불쾌감을 전하기 전에 어느 정도까지 허용되는지는 알 수가 없으니, 면밀히 비교하면서 계획을 세울 필요가 있다. 이러한 사례들은 어느 도시에든 있다. 왜냐하면 사람들은 구부러진 선을 간과하고 둔각이나 예각인 모서리를 직각으로 받아들이기 때문이다. 한마디로 자연의 불규칙성을 정확한 규칙 세계의 관점에서 이상화하는 것이다.

자신이 거주하는 도시의 도면을 살피다가 직각에서 벗어난 모퉁이와 광장을 찾아낸 사람이라면 누구라도 그곳 전체, 또는 적어도 그 대부분을 규칙적이고 직선에 가까운 형태로 기억한다는 사실을 인정할 수밖에 없다. 이와 관련해서 널리 알려진 사례를 들어보겠다. 세계적으로 유명한 베로나의 에르베광장 Piazza delle Erbe 그림 38 은 실제로 방문했거나 그림으로 보아서 많이들 기억하지만, 그 광장의 불규칙성을 의식하는 경우는 상당히 드물다. 대부분은 이 광장의 윤곽이 이

그림 36 파도바의 대성당과 대성당광장

그림 37 팔레르모의 산프란체스코광장

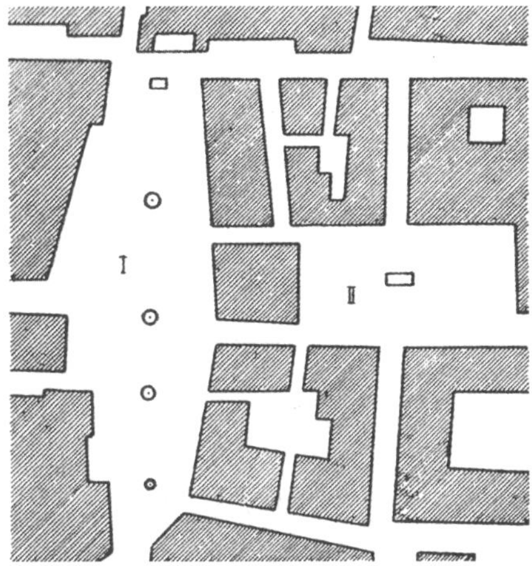

렇게나 불규칙하다는 점을 눈치채지 못한다. 원근법을 통해 또는 기억만으로 광장의 평면도를 그려내는 것이 상당히 고난도의 작업이라는 건 자명하다. 더욱이 광장을 바라보는 순간, 이러한 특성을 염두에 두지 않고 눈앞으로 찬란히 드러나는 저 모든 아름다운 광경을 즐기기만 하는 사람에게는 더욱 그러할 것이다. 그림34 참조

피렌체에 있는 산타마리아노벨라광장 Piazza Santa Maria Novella 의 실제 도면과 머릿속 장면 사이에 불일치가 있다는 것도 유별난 일이 아니다. 그림39 실제로 광장은 오각형이지만 기억 속에선 사각형이다. (모든 사람이 그렇다고 단언할 순 없겠지만 자주 그러하니 하나의 사례로 들어보았다.) 보통 사람은 광장의 세 면만을 동시에 바라볼 수 있고 오각형의 나머지 두 모서리는 관찰자의 뒤에서 항상 보이지 않는 상태로 남아 있으니 당연한 일이다. 이 세 면

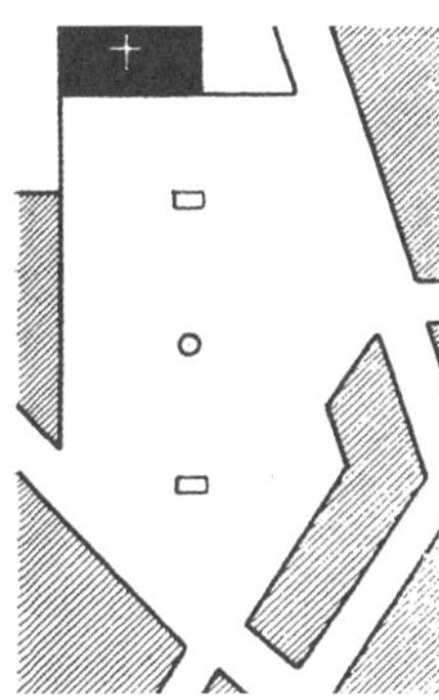

그림38 **베로나** I. 에르베광장 II. 시뇨리광장

그림39 **피렌체의 산타마리아노벨라광장**

의 직각 혹은 둔각의 상호 배치에 대해 사람들은 오해하곤 한다. (특별히 주의하지 않고 평소처럼 바라보면 더욱 그러할 것이다.) 이는 원근법에 기초하기 때문인데, 육안으로 그 각도를 정확히 측정하기란 전문가가 아무리 주의를 기울인다 해도 대단히 어려운 일이다. 한마디로 이 광장은 착각의 효과를 일으키는 마법의 장소인 셈이다. 이러한 현상과 관련해서 완벽하게 규칙적인 체계의 가치는 과연 어디서 찾을 수 있을까?

옛 도시의 불규칙한 광장들은 형태적으로 잘 자리 잡아서 대부분 보기 좋지만, 현시대의 도시시설에서 불규칙한 각도는 어김없이 조악한 효과를 낸다는 건 특이점이 아닐 수 없다. 옛 도시시설의 불규칙성은 도면상에서 보이지만 실제로 마주하면 간과하게 되는데, 거듭 말하지만 옛 체계는 도면에 따라 설계되지 않았고 점차 형성되었기 때문이다. 자연에 실재하는 모든 것을 생각하면서도 도면에만 보이는 요소에는 관심을 두지 않은 덕분이다. 시에나의 전체 도시계획안에서 발췌한 그림 속 광장들의 형태가 보여주듯이 그림 40-43 제노바 Genova, 이탈리아 북부 리구리아주의 도시 의 산시로광장 Piazza San Siro 도 이와 명백히 관련이 있다. 그림 44

성당의 주 파사드 앞에 깊은 광장을 배치

그림 40 시에나의 산피에트로알레스칼레성당
그림 41 시에나의 산비질리오성당
그림 42 시에나의 압바디아거리
그림 43 시에나의 산타마리아디프로벤차노성당

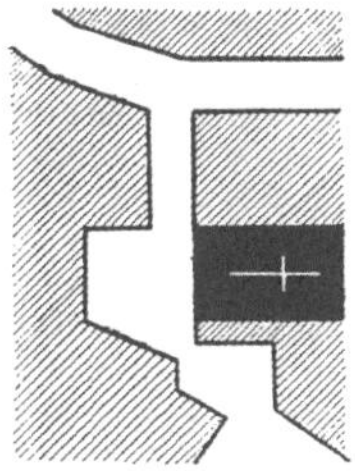

해서 주요 건물을 잘 바라볼 수 있는 최상의 시점을 선사하려는 노력은 어디서나 찾아볼 수 있다. 이는 앞에서 보았던 각 사례에서도 실제로 달성되었고, 불규칙한 부분은 늘 관찰자의 뒤쪽에 자리했다. 이 광장들에도 불규칙성은 있지만, 양적 균형과 결정적인 기본조건을 준수했기에 일정한 리듬감과 차분한 느낌을 자아내는 것이다.

좌우대칭과 기하학적으로 흠 없는 규칙성이 회화적 효과나 건축적 효과와는 별 상관이 없듯이 옛 성들에서는 개별 모티브가 충분하고도 명확히 구현되었기에 불규칙한 부분이 있어도 그조차 조화롭게 작용한다는 것 그리고 모든 구성에는 반대의 움직임이 존재하며 개념의 커다란 자유와 다양한 모티브의 교차 속에 반동과 균형이 보장된다는 점은 여러 번 강조해도 지나치지 않다. 이러한 특성은 도시설계에서 더 많이 적용된다. 성을 건축할 때보다 훨씬 다양한 요소들을 포함하기 때문에 이런 특성을 더 자유롭게 다룰 수 있고 또 다룰 줄 알아야만 한다. 그러면 우선 훨씬 다양한 주제(모티브)를 서로 대립시키지 않고 조화롭게 만들 수 있다. 더 많은 다양성은 더 많은 모티브의 풍부한 활용 가능성을 열어주지만, 요즘 지은 시설의 조잡한 규칙성이나 무의미한 대칭성 그리고 단조로움은 더 거센 비난에 직면할 뿐이다. 현시대의 저택 지구에는 일종의 독립성이 인정되는데, 성의 건축에서도 이 독립성은 유익하게 받아들여진다. 그렇다면 어째서 도시설계에서는 도면과 나침반이 완고한 통지차로 군림하고 있는가?

그림44 제노바의 산시로성당

좌우대칭을 추구하는 일은 유행병처럼 퍼졌다. 오늘날 대칭의 개념은 기초교육을 받은 사람들에게 친숙해졌고 도시설계와 같이 어려운 예술적 문제에 대해서도 이를 주장해야 한다는 사명감을 갖게 했다. 왜냐하면 이들은 대칭을 유일하고도 결정적인 판단기준으로 여기기 때문이다. 대칭이라는 단어는 그리스어에서 유래했는데, 고대에는 지금과는 전혀 다른 개념을 표현하는 데 사용되었다. 당시에는 이론상 거울에 비친 좌우상이 같다는 뜻의 대칭 개념이 알려지지 않았다. 그리스와 라틴 문학을 뒤적이면서 대칭이라는 어휘의 뜻을 알아내려고 애써본 사람은 이 용어가 무언가 말로 표현하기 어려운 것을 의미한다는 사실을 이해할 것이다. 의역하지 않는 한, 우리는 그리스어 '심메트리아 symmetria '를 설명할 수가 없다. 비트루비우스도 이를 의역했을 뿐 달리 옮길 수가 없었다. 그는 『건축십서』의 제1서 2장 4절에 이렇게 썼다.

> "또한 대칭은 건물 자체의 부재와 건물 전체의 형태와는 별도로 계산된 부분(계수)을 기반으로 개별부의 상호관계에서 기인하는 조화이다.
> (Item *symmetria* est ex ipsius operis membris *conveniens consensus* ex partibusque separatis ad universae figurae speciem ratae partis responsus.)"

비트루비우스가 사용하는 용어는 그리스어를 적용할 때를 빼면 곧잘 바뀌는 편이다. 몇 번은 이 자리에 비례를 의미하는 '프로포티오 propotio'를 썼다가 그다음에는 올바른 단어 '심메트리아'를 사용하는 식이다. 다만 "대칭이라는 단어는 비율을 의미한다(proportio, quae graece ἀναλογία dicitur)"(『건축십서』 제3서 1장 1절 1편)고 한

데서 알 수 있듯이 그는 이 단어를 마지못해 선택했다. 사실 '비례'와 '좌우대칭'이 고대에는 본질적으로 같은 의미였다. 건축에서 비례가 상황에 대한 일반적인 만족감(예를 들어, 기둥의 원주와 높이의 관계)으로 이해되었다면, 좌우대칭은 같은 숫자로 정확히 표현할 수 있는 경우에 썼다. 용어의 이러한 의미는 중세까지 이어졌다. 처음으로 고딕 시대에 건축적 도면의 설계 방식을 배우기 시작하면서, 좌우대칭은 점점 더 축을 중심으로 좌우가 같다는 뜻으로 이해되었으며 이론적으로도 더욱 의식화되어 지금과 같은 의미로 취급되기 시작했다. 이렇게 해서 고대의 원뜻이 새로운 개념으로 바뀌었다. 르네상스 작가들은 이미 이런 뜻으로 대칭이란 용어를 사용했다. 이때부터 좌우대칭의 사고가 세계를 정복했다. 건축과 도시설계에서 좌우대칭은 점점 빈번해졌으며, 이는 계획안을 넘어 광장과 거리로 이동하여 각 지역을 차례로 정복하면서 구원의 유일한 비전으로 우뚝 서기에 이르렀다. '미학적' 측면에서 우리가 세운 도시설계의 규정들은 (현시대의) 취향이 얼마나 너절하고 빈약한지를 보여준다. 미학적으로도 (건축 규정을) 어떻게든 정해야 한다는 건 자명하다. 하지만 이렇게 말하자마자 그 열정은 마치 큰 산에서 잉태된 작은 쥐 한 마리를 마주친 것처럼 완벽하게 당혹감으로 바뀌는데, 그 답이 일반적으로 인정받고 확실한 데다 필수이고 논쟁의 여지가 없는 그 좌우대칭이기 때문이다. 1864년에 지정된 바이에른주 건축법에서는 좌우대칭을 지키고 도덕성을 위반하지 않는 것을 파사드 구성 미학의 요점으로 규정했다. 둘 가운데 무엇을 위반하는 편이 더 심각하게 여겨지는가는 해석에 달린 문제였다.

요즘 도시설계는 불규칙성에 대해 여지를 두지 않는다. 그 한 예가 제도용 직각자의 규칙성에 따라 바둑판 패턴으로 구획한 토지 사이에 난처하게 남겨진 쐐기형의 자투리땅 같은 삼각형 광장이다. 자투리땅에서는 착시현상을 활용하기가 어렵고, 인접한 주택들의 소실선이 첨예하게 충돌하기에 그 경관도 아름다울 수가 없다. 이 경우엔 삼각형의 세 변이 완전히 불규칙해야만 예술적 측면에서 구원의 여지가 있을 것이다. 그렇다면 (부분 대칭을 포함하여) 모든 예각 부분에는 기념비와 조각상을 설치할 수 있는, 교통의 흐름이 없는 광장의 섬이 생겨날 가능성이 있다. 물론 현시대의 도시설계 문화는 이마저도 허용하지 않는다. 각 변을 엄격하고도 야멸차게 직선으로 설계하는 한, 삼각형의 광장에선 할 수 있는 게 없다. 결과적으로는 규칙적인 광장과 불규칙적인 광장을 구분하고, 전자가 더 아름다우며 그 기하학의 중심부에 기념비를 세우는 것이 가장 적합한 방식이라고 정리하게 된다. 현시대의 광장에 한해서는 이러한 규정이 타당할 수 있겠지만, 옛 도시 체계에는 전혀 맞지가 않다. 예전에는 불규칙한 형태의 광장에 오히려 더 많은 동상과 기념비를 세웠다. 설치 조건이 다채롭고, 분리가 필요할 때도 유리했기 때문이다.

VI.

군집한 광장

서로 인접한 두 광장을 비교하는 작업은 이미 해보았으니, 이제는 군집한 광장을 배치도를 통해 다루어보겠다. 특히 이탈리아에서는 군집한 광장 유형이 주요 건물과 함께 도시의 중심을 이룬다는 것이 하나의 규칙으로 받아들여지며, 독립하여 있는 단일 광장은 오히려 예외에 해당한다. 이는 다시금 광장의 폐쇄성 그리고 성당과 성을 서로 가까이 짓는 근본적인 동기와 관련된다. 이 점은 아래의 그림에도 명확하게 나타난다. 그림45 모데나의 대광장 Piazza Grande 은 모데나대성당 Duomo di Modena 의 측면 파사드를 광장의 주된 입면으로 삼는다는 점에서 분명 의의가 있다. 이 광장은 넓은 광장으로, 대성당의 앱스 apes, 성당 동쪽 끝에 있는 반원형 부분 너머까지 돌아나간다. 바로 이 지점에서, 대성당의 측면 파사드를 주된 입면으로 둔 광장이 앱스에 면한

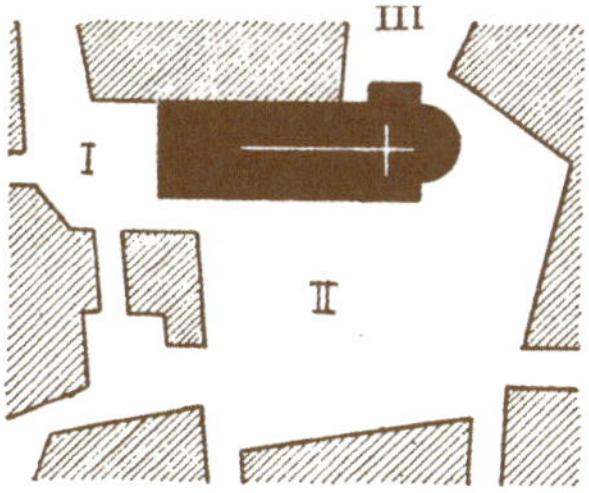

그림45 **모데나** I. 레냐광장 II. 대광장 III. 토레광장

광장과 합쳐지면서 (군집된 광장 유형이) 이론적으로 표명된다. 그리고 첫 번째 광장인 레냐광장 Piazza delle Legna 과는 명확히 분리된 채로 대광장은 하나의 광장으로 마무리된다. 토레광장 Piazza Torre 은 그 자체로 독립된 개성을 드러내는 동시에 마치 온갖 무대장치들이 온전한 효과를 이루어내듯이 대성당 탑의 시각성을 한층 강화한다. 레냐광장은 법칙상 깊은 광장으로서 대성당의 주 파사드과 연관되며, 대성당 정문에서 직진하는 도로 방향의 가운데 전망이 가로막히지 않게끔 한다. 이와 비슷한 형태로 주목할 만한 광장의 조합이 루카 Lucca, 이탈리아 서부 토스카나주의 도시 의 대성당광장 Via del Duomo 이다. 이 광장의 절반은 주변 건물에 잇대어 지은 성당의 전면부에 관여하고, 나머지 절반은 측면 파사드와 마주하여 이것이 한 쌍으로써 대성당광장을 이루어낸다. 이와 관련된 많은 유사한 사례들에서는 개별 건물이 최대한의 효과를 내기 위해 각각의 파사드로 광장의 형성을 실제로 촉진한 것처럼 보인다. 성당의 각 부분에 맞닿아 있는 두세 군데의 광장이 어떤 식으로 배치될지를 처음부터 상상하기란 쉽지 않다. 확실한 것은 이러한 광장의 유형이 기념비적 건물의 아름다움을 최대한 활용할 수 있는 방식이라는 점이다. 도시에 세 군데의 광장이 있다는 건 세 개의 경관이 있다는 뜻이며, 그 하나하나가 한 채의 성당 건물 주변에서 조화롭게 전체상을 이룬다면 더할 나위가 없을 것이다. 최소한의 수단으로 위대한 예술의 성취를 이루어낸 노련한 대가들의 현명한 절약 정신이 다시금 백일하에 드러나는 순간이다. 이건 특별한 일이 아니다. 각 건물에서 눈에 띄는 파사드에는 저마다 적절한 장소가 있다. 그리고 각 광장은 대리석으로 된 파사드를 가지는데, 이는 광장

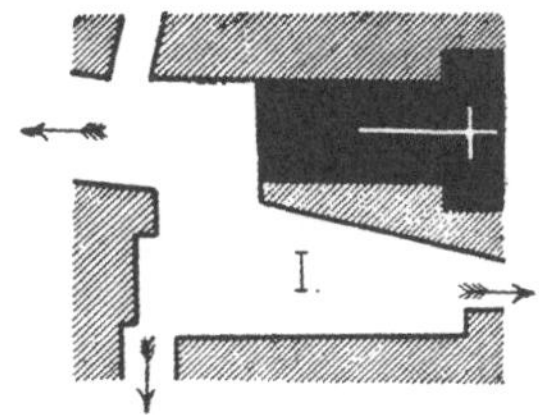

에 대한 바람직한 시도, 즉 진부함에서 벗어나기 위한 동기라고 해도 모든 건물의 파사드를 똑같이 값비싼 석재로 장식할 수는 없다는 사실을 감안할 때 더욱 가치가 있다.

그러나 이처럼 정교한 지혜가 담긴 방식도 현시대의 도시 체계에는 대부분 적용할 수가 없다. 이 방식을 적용하려면 광장의 폐쇄성이 담보되어야 하는 것은 물론이고, 주변 벽에 기념비적 건물이 맞닿아 지어져 있는 상황이 전제되어야 하기 때문이다. 하지만 이는 특히 전지전능한 단독 건축물을 향한 망상이 깃든 현시대의 유행과는 정면으로 대립한다.

차라리 옛 대가에게로 돌아가자! 위의 그림은 이전 사례와 유사한 광장의 조합을 보여준다. 그림46 만토바의 에르베광장 Piazza d'Erbe 은 넓은 광장으로 발전했고 성당의 주 파사드 앞에는 깊은 광장이 자리한다. 한편 페루자 Perugia, 이탈리아 중부 움브리아주의 도시 의 대성당광장 Piazza del Duomo 은 팔라초 코뮤날레 Palazzo Comunale 를 지배하는 동시에 시청광장의 역할을 한다. 그리고 더 작은 광장 Piazza del Papa 은 대성당 전용 광장이다. 그림47 비첸차 Vicenza, 이탈리아 북부 베네토주에 있는 도시 에는 바실리카팔라디아나 Basilica Palladiana 를 중심으로 서로 다

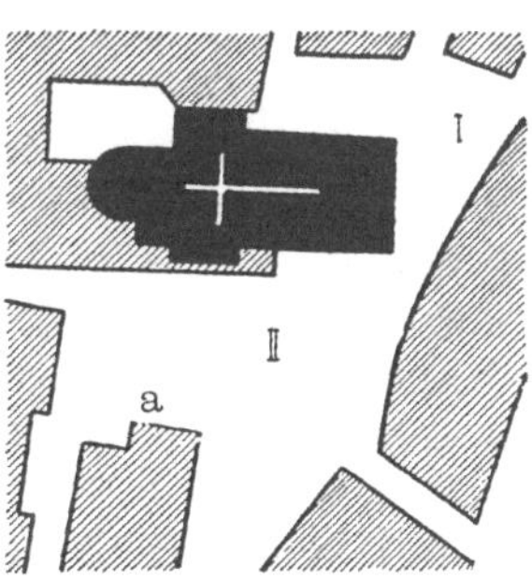

그림46 만토바의 산트안드레아성당 I. 에르베광장

그림47 페루자 I. 대성당광장 II. 파파광장 a. 시청

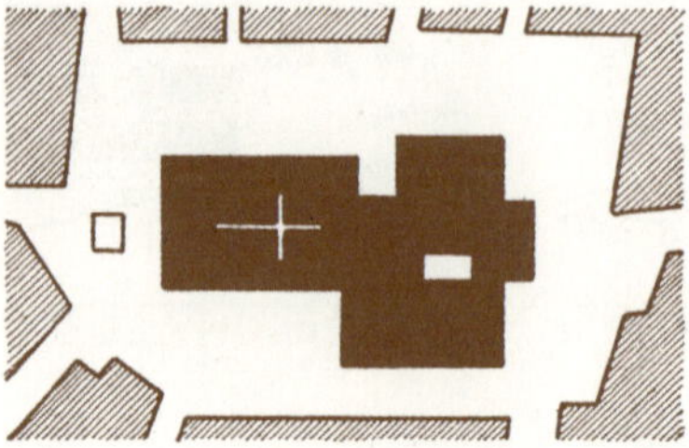

른 개성을 뽐내는 두 개의 광장이 분할 배치되어 있다. 그림48 피렌체의 시뇨리아광장도 우피치궁 주랑현관의 보조광장에 인접하여 특별한 효과를 자아낸다. 건축의 측면에서 세계적으로 주목할 만한 광장이다. 형태, 규모, 보조광장, 도로의 합류, 분수와 기념비의 설치와 관련된 옛 도시설계의 모든 모티브를 총동원했음에도 저마다 어느 정도 가려져 있어 찾을 수가 없고, 정확한 이유를 감춘 채 효과를 자아낸다. 그런데도 어디서나 풍부한 예술정신을 발견할 수 있다. 수 세기 동안 일류 예술가들은 애초에 불리하고 어려운 상황에서 도시개발의 걸작을 쟁취했다. 동시에 이 모든 것을 가능케 했던 예술 장치들을 은폐해서 식별하기가 까다롭기에 쉽게 싫증 나지 않는 것이다.

두 광장의 가장 훌륭한 통합이 베네치아의 형성부를 형성한다. 바로, 로마자 I 로 표기된 첫 번째 광장인 산마르코광장 Piazza San Marco 과 로마자 II 로 표기된 두 번째 광장인 피아제타 la Piazzetta 가 그러하다. 그림49 첫 번째 광장은 바실리카 쪽에서 바라보면 깊은 광장이며 프로쿠라티에 Procuratie vecchie, 산마르코광장을 따라 이어져 있는 세 개의 행정관청 쪽에서 보면 넓은 광장이다. 두 번째 광장은 두칼레궁 Palazzo Ducale 에서 바라보면 넓은 광장이지만 카날 그란데 Canal grande, 베네치아의 교통 운하 너머 산조르조 마조레 S. Giorgio Maggiore, 베네치아의 섬 를 향한 멋진 전망과 관련지어 보면 깊은 광장이다. 세 번째 작은 광장은 산마르코광장 측면에 연결되어 있다.

그림48 비첸차의 바실리카팔라디아나 앞 시뇨리광장

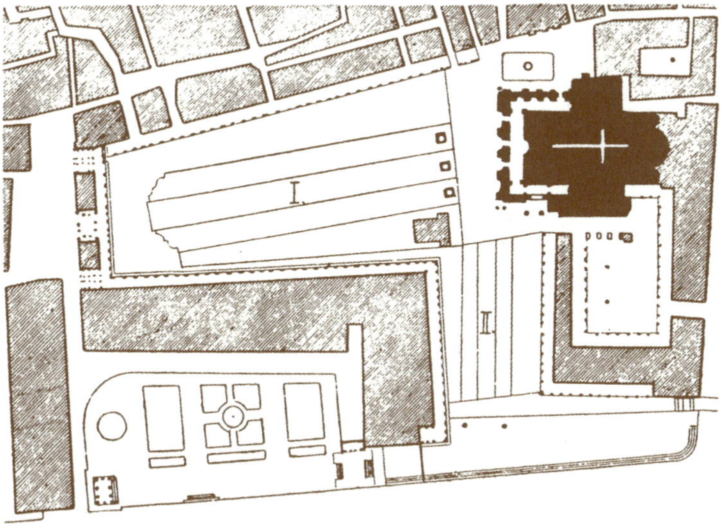

단 하나의 세계에 진정 수많은 아름다움이 통합되어 있는 것이다. 그 어떤 화가도 이보다 더 아름다운 건축의 배경을 생각해내지 못했고, 그 어떤 극장도 여기서 실제로 달성해낸 것보다 더 매혹적인 적이 없었다. 마치 정신과 예술, 산업의 능력을 총체적으로 다루면서 온 세상의 보물을 배에 싣고 대양을 건너 지상에서 가장 아름다운 곳에 이르러 이 모든 것들을 누리는 지배자와 같다. 베첼리오 티치아노 Vecelli Tiziano, 이탈리아 르네상스 시기의 화가 와 파올로 베로네세 Paolo Veronese, 이탈리아 르네상스 시기의 화가 조차도 도시 풍경(이를테면 결혼식 장면을 담은 대형 화폭의 배경)을 자유롭게 구성하는 과정에서 이보다 더 훌륭한 장면을 생각해낼 수 없었다. 이렇게 비할 데 없는 찬란함을 이루어내기까지는 대단히 독특한 방식이 적용되었다. 바다의 효과, 화려하게 축적된 기념비

그림 49 베네치아 I. 산마르코광장 II. 피아제타

적 건물들, 그 건물들을 입체적으로 장식하는 보석들 그리고 산마르코광장의 휘황찬란함과 거대한 종탑. 이 모든 것이 어울리며 전체적으로 훌륭하게 배치되었다. 만약 이 걸작들이 기하학적 중심에 맞추어 일직선으로, 그러니까 현시대의 체계에 따라 소모적으로 배치되었다면 그 효과가 엄청나게 저하될 것임은 재고의 여지가 없다. 산마르코광장이 노출되어 있다고 상상해보자. 거대한 현대식 광장의 한가운데 성당 건물이 자리하고, 그 전면부의 축으로부터 종탑과 프로쿠라티에, 도서관이 서로 맞붙어 이루어낸 닫힌 형태 대신에 현재의 블록 체계에 따라 성당 주변에 건물들이 둘러 세워지고 광장 옆으로는 그 폭이 60미터에 이르는 순환도로가 이어진다고 말이다. 상상할 수 없는 일이다. 아름다운 건축물과 기념비만이 아니라 올바른 배치방식까지 모든 것을 파괴해버리는 셈이다! 산마르코광장과 인접한 광장들의 조합은 지금까지 알려진 규칙에 따랐기에 바람직한 결과를 이루어냈다. 특히 크고 작은 광장의 경계에서 양쪽을 감시할 수 있게끔 종탑을 측면으로 배치한 점이 눈에 띈다. 그림 50

마지막으로, 한 광장에서 다른 광장으로 이어지는 노련한 배치 방식의 효과를 생각해보자. 바라보는 지점이 달라지면 그 효과도 마찬가지로 변화한다. 이런 광장 배치의 효과가 얼마나 풍부한지는 특히 산마르코광장과 피렌체 시뇨리아광장의 사진을 보면 알 수 있다. 서로 다른 시점에서 찍은 열두 장 이상의 사진들은 저마다 다른 장면을 보여준다. 만약 이 사실을 모른다면 한 광장을 서로 다른 지점에서 바라본 장면이라고 믿기 어려울 것이다. 요즘 네모반듯한 현대식 광장에서 똑같이 시도한다면 어떨까? 그 결과가 서로 다른 예술적

그림50 베네치아의 피아제타

내용을 담은 세 가지 장면일 수는 없을 것이다. 도면에 따라 자로 긋듯이 조성한 현대식 광장에는 정신적 내용이 존재하지 않으며, 그곳은 기껏해야 공허한 큰 땅에 지나지 않기 때문이다.

VII.

북부 유럽의 광장구성

지금까지는 대개 이탈리아의 경우를 본보기로 들었다. 이 유형의 고전적 아름다움은 널리 인정받고 있다. 다만 북부 유럽에 그대로 적용할 수 있을지는 의문이다. 기후, 민중의 삶, 주거 그리고 건축 방식이 근본적으로 다르기 때문이다. 그렇다면 거리와 광장도 달라야 하지 않을까? 고대와는 확실히 달라졌다. 세상만사가 너무 많이 변했으니 말이다. 고대인들은 하나의 포룸에 다섯이나 여섯 또는 그 이상의 사원을 두었지만, 우리는 (하나의 광장에) 그 정도 되는 수의 성당을 둘 수는 없다. 우리의 주거지는 다르게 지어졌으며 북부 유럽의 체계에 따라 지붕이 있는 홀 구조에서 발전했고 도로 쪽으로 더 많은 창문이 나 있다. 따라서 우리가 거리와 광장에 대해 바라는 것도 차이가 날 수밖에 없다. 중세 이탈리아와 북부 유럽의 도시시설도 마찬가지다. 게르만의 주거 건축은 이탈리아를 정복했고 열린 회랑이 있는 안마당을 갖춘 고대의 주거 공간은 이제 희미한 기억으로 남았을 뿐이다. 이탈리아조차도 고대 포룸의 유형을 충실히 보존하지는 않는다. 그 이유는 새 주거 유형이 유럽인들에게 새로운 삶을 받아들이고 창조하는 데 도움이 되기 때문이다. 그러니까 르네상스의 건축과 고대 건축 간의 차이는 이탈리아에서도 북부 유럽만큼이나 큰 셈이다. 다만 이제 북부 유럽과 남부 유럽의 차이는 고대에 비해 그리 두드러지지 않고 고딕이나 르네상스 시기의 독일과 이탈리아의 차이 정도에 지나지 않는다.

가장 큰 차이는 성당 건축과 성당광장에서 찾을 수 있다.

성당의 위치를 논하자면 북부 유럽에서는 광장 중앙은 아니더라도 적어도 건물 주변을 둘러 이동할 수 있는 독립 배치 방식을 자주 접하게 된다. 큰 도시에서는 이 방식이 대성당이나 여러 주요 성당에 적용되며, 더 북쪽 지역에서는 작은 성당들에서도 많이 볼 수 있다. 독립 배치 방식의 근본적인 원인은 오늘날의 마을 성당이 그러하듯이 당시 성당에 공동묘지가 있었기 때문이다. 프라이부르크의 대성당 Freiburger Münster [그림51], 뮌헨 München, 독일 남부 바이에른주의 주도 의 프라우엔교회 Frauen Kirche [그림52], 울름 Ulm, 독일 남부 바덴뷔템베르크주의 도시 의 대성당 Ulmer Münster [그림53], 슈체친 Szczecin, 폴란드 북서부 서포모제주의 주

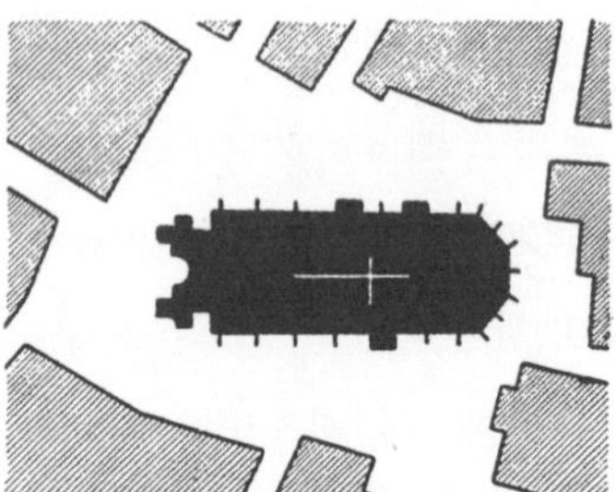

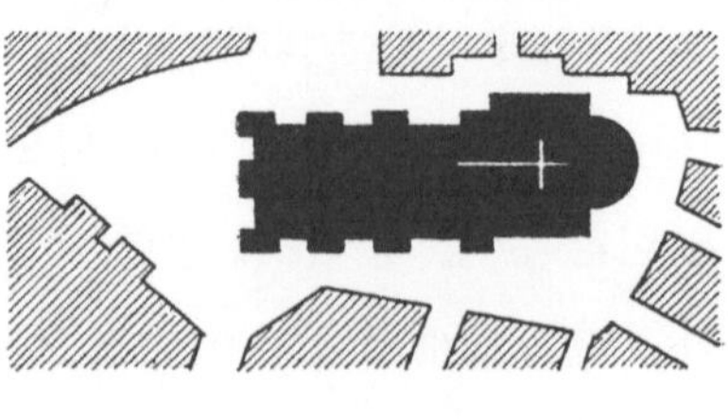

[그림51] 프라이부르크의 대성당광장
[그림52] 뮌헨의 성모광장

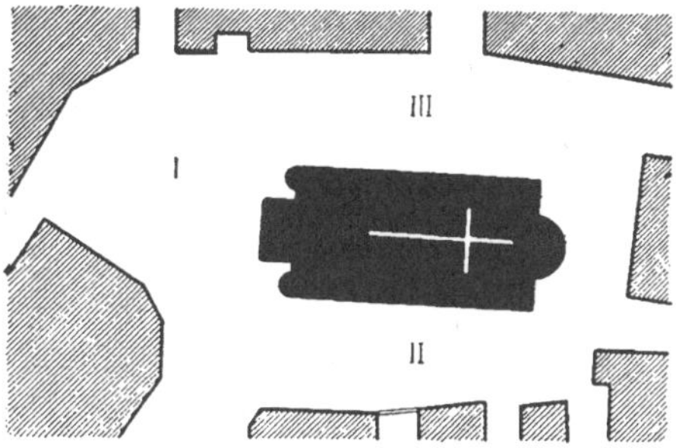

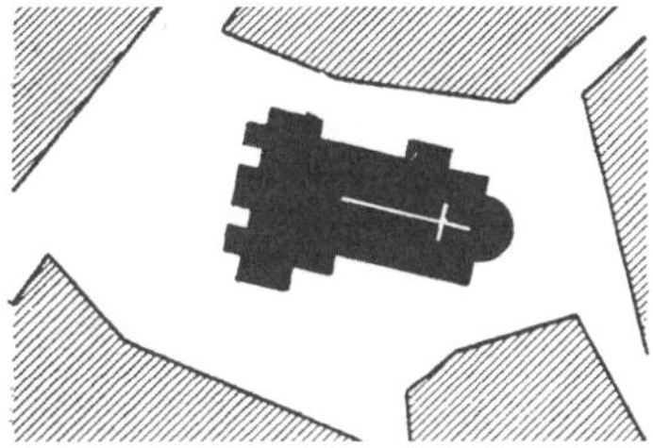

도의 대성당 Jakobskathedrale 그림54 , 빈의 슈테판교회를 비롯하여 수많은 다른 성당들도 마찬가지다. 다만 원인이 사라지면 독립 배치 방식도 사라진다. 그래서 르네상스 양식이나 바로크 양식의 성당에서는 부분적으로 주변 건물에 맞닿게 짓는 건축 방식이 우세해졌던 것이다. 이 시기에는 새로운 공동묘지를 더 이상 도시의 중심에 두지 않았다.

독립 배치 방식은 부분적으로, 대개는 고딕 양식의 성당에서 발견된다. 그 일반 규칙은 현재의 관습과 일치하지 않는다. 고딕 성당의 보편적인 배치 방식은 양 측면과 후진(앱스) 쪽 방향의 건물들이 성당 건물에 가까이 자리하고, 전면부의 탑과 주 출입구에 면해 좀 더 큰 광장이 위치하는 것이다. 이 방식이 고딕 성당의 구성에 가장 잘 부합한다. 전면부에선 웅장한 건축 개념을 확고히 하기 위한 장치로서 대부분 좌우대칭으로 우뚝 선 한 쌍의 첨탑을 거느린 주 파사드를 볼 수 있다. 이렇게 높이 솟은 건축의 조합은 멀리서도 한눈에 보여야 하며, 가능하다면 더 넓은 거리가 곧장 대성당 전면부를 향하도록

그림53 **울름** I. 대성당광장 II. 상부 성당마당 III. 하부 성당마당

그림54 **슈체친의 대성당 마당**

조성한다. 옆의 그림은 이 유형을 보여준다. 그림55 뉘른베르크의 제발두스교회 Sebalduskirche 와 로렌초교회 Lorenzokirche 도 구시가지의 좁고 각진 거리를 마주하여 가능한 범위 내에서 이와 비슷한 시도를 해본 사례들이다. 다만 고딕 성당의 측면 파사드에는 이와는 정반대의 규칙이 적용된다. 이 경우에 모든 요소는 동적 구성을 이루며, 우뚝 솟은 첨탑부터 비스듬히 떨어진 성가대 제실에 이르기까지 측랑 aisle, 바실리카나 성당에서 신랑과 평행을 이루는 복도로 아케이드나 열주에 의해 구분되는 좁고 긴 공간 에서 대칭의 중심점은 중앙에 자리하지 않는다. 모든 것은 내부 길이에 맞춰지는데, 기다란 구조는 본래 먼 데서 반대 방향으로 바라보는 것을 허용하지 않는다. 더욱이 일반적인 도면작성에서 그러하듯 장방형으로 된 종교 건축물을 도면으로만 표현할 때, 첨탑을 포함한 상부를 일부러 포함하지 않으면 측면 입면도에서는 (실제로 보이는 파사드처럼) 작성되지 않는다. 이에 따라 고딕 성당은 고유의 장점을 살려 주변 건물과 매우 좁은 간격으로 짓고, 오직 정면의 주 출입구로만 자유롭게 드나들 수 있게 했음을 알 수 있다. 이는 성당을 향한 사람들의 이동, 정면 출입구를 통한 종교 행렬의 진입 등에 자연스레 대응한다. 어느 도시건 거기에 끝없이 펼쳐진 연병장이 있고 그 한가운데에 유서 깊고 오래된 고딕 성당이 우뚝 서 있는 장면을 떠올려보면 단지 상상만으로도 그런 곳에선 개별 건축물의 독특하고도 강력한 효과가 사라지고 말 것을 인정할 수밖에 없다. 쾰른대성당 Kölner Dom 은 이와 비슷한 상황이며 그보다 더 큰 광장에 세워진 더 자그마한 규모의 빈 보티프교회는 그 처지가 더 딱하다. 만약 빈의 슈테판교회를 한없이 비어 있는 보티프교회 광장 쪽으로 옮긴다면 현재의 신비로운 느낌을 모두 잃

그림 55 스트라스부르의 대성당

고 말 것이다. 반대로 보티프교회가 스트라스부르의 대성당이나 파리 노트르담성당 자리로 옮겨간다면 지금의 부적합한 환경에서보다는 훨씬 더 강력한 영향력을 발휘할 것이다.

조건이 좀 다르기는 하지만, 북부 유럽에서도 성당을 건물에 인접해 짓는 규칙을 지킨다. 대성당을 포함해 총 12채의 성당이나 교회가 옆 건물에 인접해 지어졌으며 단 한 채만이 독립형이다. 마인츠 Mainz, 독일 중부 라인란트팔츠주의 주도 의 오래된 성당들도 옆 건물에 인접해 지었고 밤베르크 Bamberg, 독일 남부 바이에른주의 도시 , 프랑크푸르트암마인 Frankfurt am Main, 독일 중서부 헤센주의 도시 등도 마찬가지다. 예외가 아예 없는 것은 아니지만, 오래된 성당은 대부분 이러하다. 독립 배치 방식은 북부 유럽에서도 예외적이며 이에 대한 원인(즉, 예전에 조성했던 공동묘지)은 여전히 이 성당광장의 둥근 가장자리에서 부분적으로 찾아볼 수 있다. 그림 52-54 그렇지 않으면 그단스크와 같은 독일 북부의 도시들에서 분명하고도 빈번하게 나타나는 모티브들을 설명할 길이 없다. 이런 예외 상황에서도 옛 성당은 단 한 번도 그 평면도와 광장의 중심에 정확히 세워진 적이 없다. 설령 몇몇 예외가 있더라도, 건물 평면의 중심은 광장의 중심과 서로 일치하지 않는다는 규칙의 일반적 유효성은 옛 성당이 광장의 중심과 정확히 겹치지 않는다는 사실을 통해 증명된다. 또 도면 위에서 제도용 자와 컴퍼스를 사용하면 배치는 저절로 이뤄진다는 현시대의 쓸모없는 현학에 따라 온갖 효과는 생각할 수 있는 가장 작은 척도로 설정되는 경우에 한해서만, 건물과 광장이 자연스러운 하나의 장면으로 연결될 뿐이다. 오래된 성당이 독립해 있는 이유는 다음 배치도들에서 찾을 수 있다. 그림 56-60 프랑크푸르트

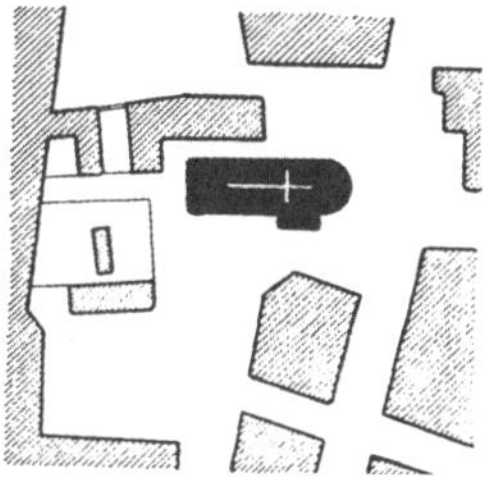

암마인의 파울교회 Paulskirche 는 독립적으로 배치되었지만, 광장의 중심이 아니라 모퉁이로 상당히 밀려난 탓에 중심 건물이 아니라 광장의 벽과 같은 효과를 낸다. 이렇게 건물이 벽의 역할을 맡은 또 다른 사례는 콘스탄츠 Konstanz, 독일 남부 바덴뷔템베르크주의 도시 의 슈테판교회 Stephankirche 인데, 이 경우는 완전히 분리된 두 군데의 광장에 건물이 각각 면해 있다. 레겐스부르크 Regensburg, 독일 남부 바이에른주의 도시 의 대성당도 그렇다. 주 파사드는 세심히 계산한 깊은 광장 형식의 대성당광장 전면에서 볼 수 있고, 그 측면은 넓은 광장 쪽을 바라본다. 한편 이탈리아식 사고에 힘입어 기념비적 건물의 세 면을 활용해서 세 군데의 광장을 형성하는 방식도 있는데, 이는 콘스탄츠와 슈베린 Schwerin, 독일 북부 메클렌부르크포어포메른주 도시 의 대성당 등에서 찾아볼 수 있다.

형식과 규모 면에서 북부 도시의 오래된 광장은 이탈리아의 광장과 거의 유사하며 불규칙한

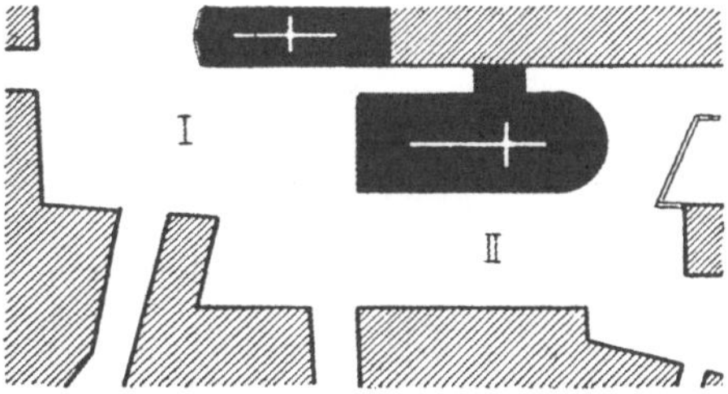

그림56 프랑크푸르트암마인의 파울광장과 파울교회

그림57 콘스탄츠의 슈테판교회와 슈테판광장

그림58 레겐스부르크 I. 대성당광장 II. 대성당길

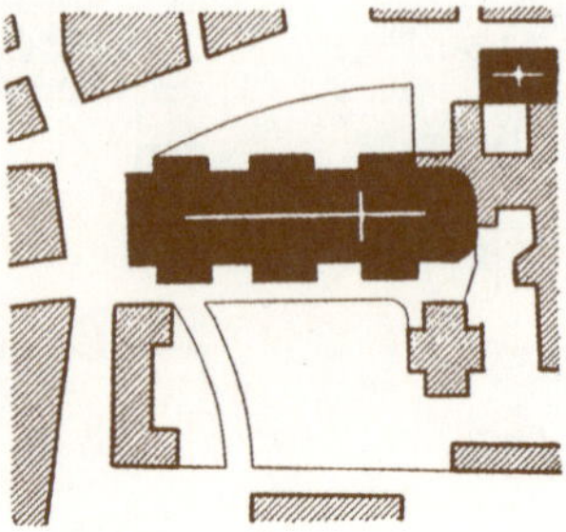

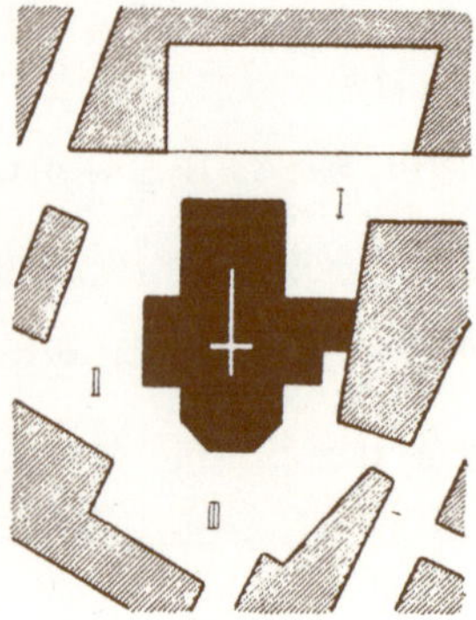

형태를 띤다는 점도 따로 설명할 필요가 없을 정도이다. 다만 비교의 가능성을 생각하고 연구에 자극이 되었으면 하는 바람에서 뷔르츠부르크 Würzburg, 독일 중남부 바이에른주의 도시 의 대성당광장 그림61 과 킬 Kiel, 독일 북부 슐레스비히홀슈타인주의 주도 의 시청과 니콜라이교회 Nikolaikirche 일대 그림62 그리고 코펜하겐의 왕립극장 Det Kongelige Teater i København 일대 광장들 그림63 의 배치도를 첨부한다.

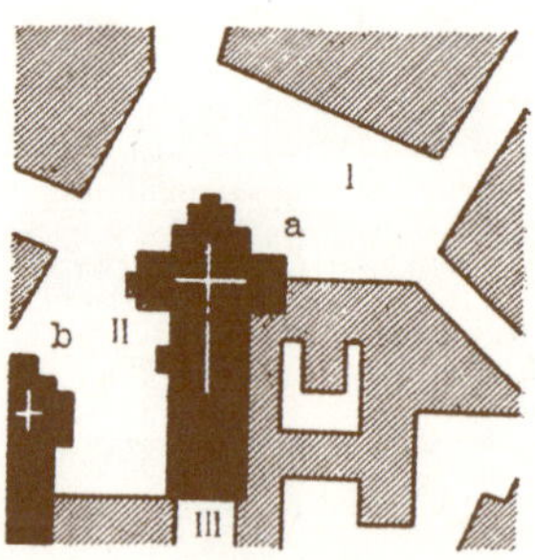

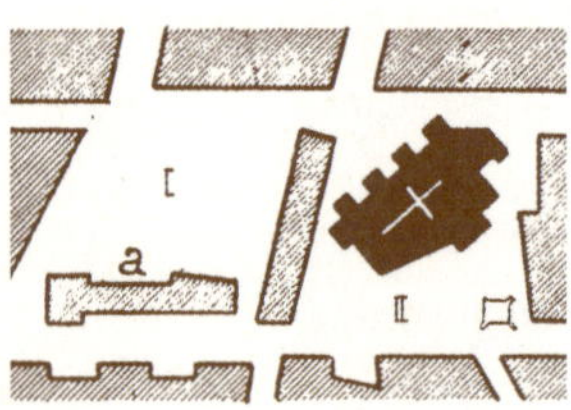

그림59 **콘스탄츠의 대성당과 대성당광장**

그림60 **슈베린의 대성당**

그림61 **뷔르츠부르크** a. 대성당 b. 신성당 I. 행진광장 II. 성당광장 III. 대성당광장

그림62 **킬의 니콜라이교회** a. 시청사

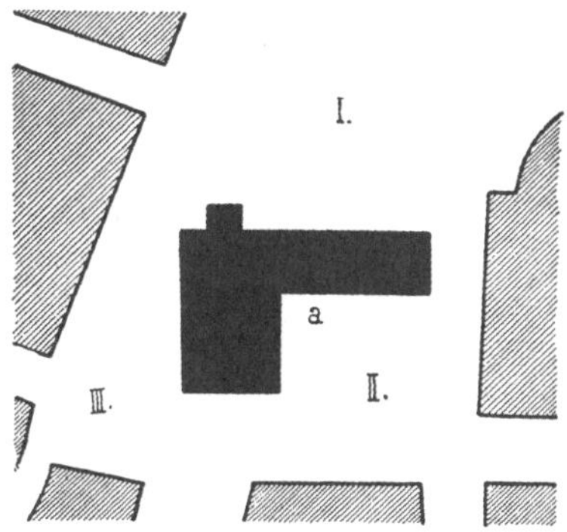

이 오래된 법칙은 성당광장보다는 시청광장이나 시장광장에서 훨씬 명확히 드러나는데, 이 광장들에선 교회에 면한 광장들에 비해서는 예외적인 독립 배치 방식을 따를 이유가 없기 때문이다. 몇 가지 종류의 일반 유형을 설명하는 데는 적은 수의 사례만으로 충분하다. 아래의 그림은 건물과 광장의 흥미로운 조합을 보여준다. 그림64 마틴교회 Martinkirche 는 광장 벽으로 흡수된 채로 건물의 좁은 면 앞으로는 깊은 광장을 형성하고 넓은 면 앞으로는 분리된 형태의 넓은 광장을 품고 있다. 옛 시청사가 시장광장에 면하여 인접한 건물과 연결된 채 지어졌다면, 새 시청사는 부지 중앙에 현대식 건물블록으로서 독립적으로 배치되었다.

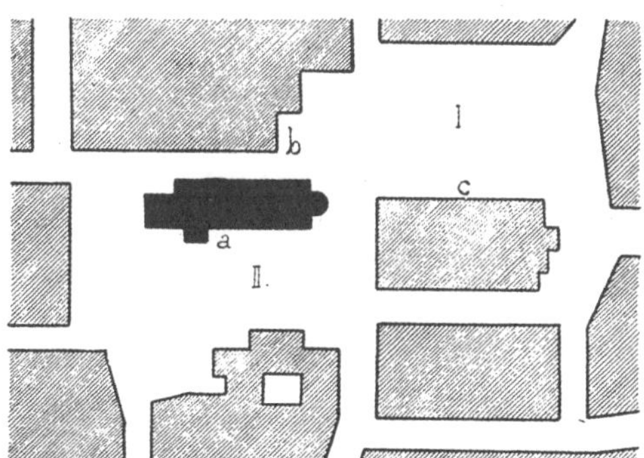

포목조합회관 역시 좁은 면은 깊은 광장에, 넓은 면은 넓은 광장에 적절히 대응한다. 그 결과, 더 크고 응집력 있는 전체

그림63 **코펜하겐** a. 왕립극장

그림64 **브라운슈바이크** a. 마틴교회 b. 구시청사 c. 포목조합회관 I. 시장광장

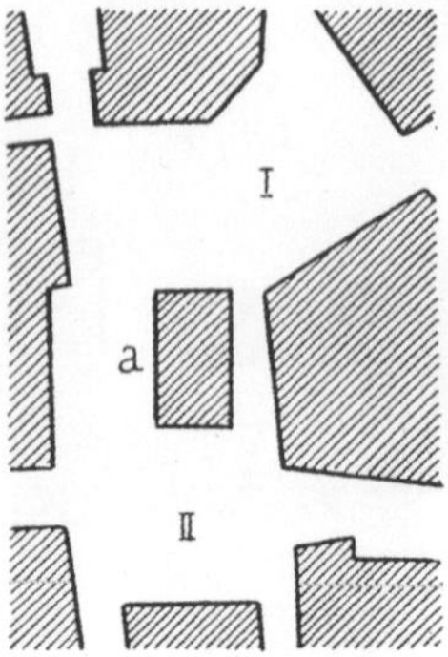

광장 안에서 상호작용이 이루어지며, 이를 통해 각 건물과 광장이 그 자체로 상승효과를 누리게 된다. 이러한 유익한 교훈은 슈체친의 시청사에서도 찾아볼 수 있는데, 건물의 한 면을 광장 벽 쪽으로 밀어 넣어 광장의 매스가 닫힌 형태로 유지되는 것이다. 그림65

쾰른의 오래된 시장에 위치한 시청사는 두 면이 광장에 면해 있어 그 효과가 더욱 두드러진다. 그림66 하노버에서는 시장광장의 벽을 이루는 시청사 그림67 가 맞은편 시장교회 Marktkirche 의 측면과 함께 어우러져 위용감을 자아내며, 뤼벡의 시청사는 시장과 직접 연결된 대성당 바로 근처에 위치한다. 그림68 이 밖에도 유사한 사례들은 수도 없이 많다. 옛 도로가 (순수 계획상으로) 최선의 방식이 아닌 형태로 합류하는 경우도 있지만, 이는 그 도로가 형성되기 이전에 지어진 건물을 수용하여 연결한다는 면에서 이해할 수 있다. 또 최악의 경우에도 옛 도로의 구부러진 형상은 (먼 거리에서 광장 내외부 상호 간의) 시선이 교차되는 상황을 제한해서 강력하게 닫힌 효과를 만들어낼 수 있다.

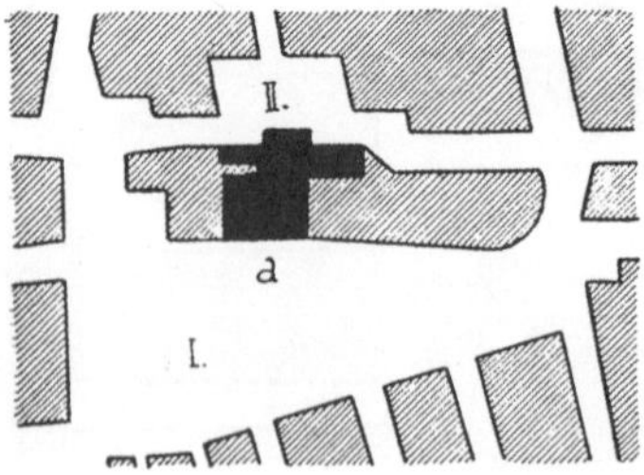

북부 유럽의 도시건축가들이 이 모든 시설을 계획하

그림65 **슈체친의 시청사** a. 시청사

그림66 **쾰른** a. 시청사 I. 구시장

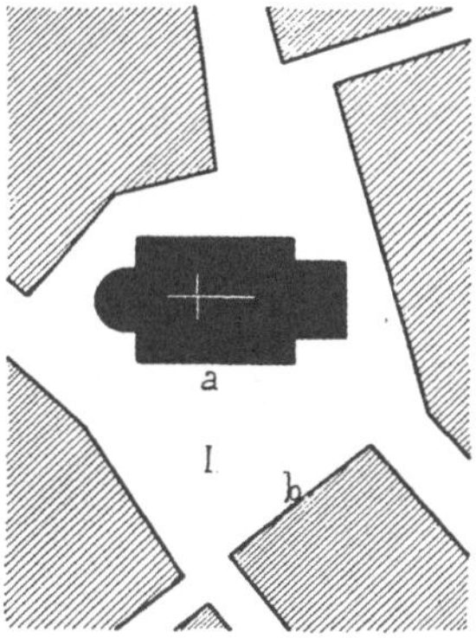

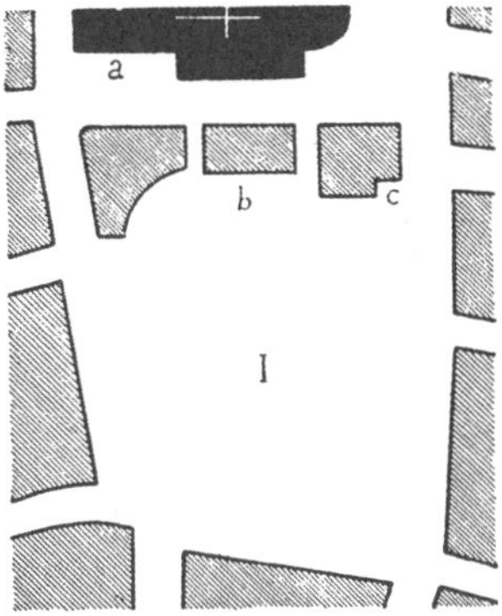

면서 고대 포룸의 시설을 변함없는 이상으로 생각했다고는 단정할 수 가 없다. 그들은 모든 면에서 자신들의 방식에 따라 독립적으로 진행했다. 그래야 그 자체로 자연스럽고, 모든 것을 그곳에 맞추어 판단하고 배치하는 가운데 진정한 효과를 자아낼 수 있었기 때문이다. 반면 지금 우리는 설계경기위원회에서 지정한 대로 맞추어 때로는 생전 한 번도 보지 못했던 광장을 도면 위에서 계획하곤 한다. 또 주변이나 특정 건물의 높이와는 아무런 유기적 연관성이 없는, 빈 광장의 한가운데에다 어떤 상황에도 건물이 지어질 수 있도록 천편일률적인 공장식 건축 프로젝트를 진행하면서 그에 만족하곤 한다. 근대의 날인이자 같은 금형에서 수십 개씩 찍어낸 공장제품은 도시설계 영역에서도 현시대의 추세가 되었다. 이와 대조적으로, 북부 유럽의 고대인들은 한 지점에 구심점을 두고 도시를 일으켜 세울 수 있을 만큼 강력한 효과를 얻기 위해 모든 건축물을 하나의 광장 위에 집결시켰는데,

그림67 **하노버** a. 시장교회 b. 구시청사 I. 시장광장

그림68 **뤼벡** a. 대성당 c. 시청사 I. 시장광장

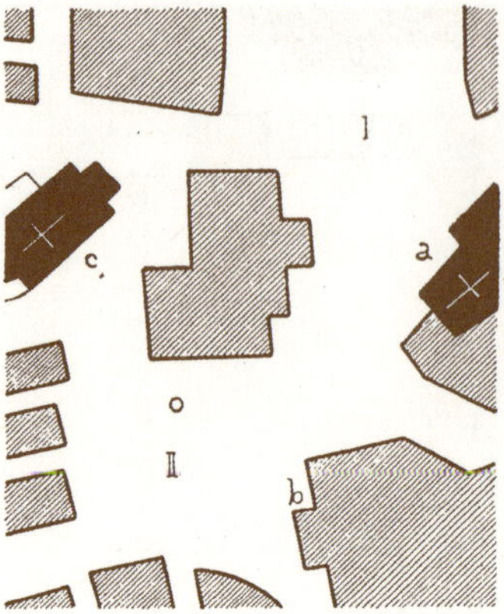

이를 보여주는 두 가지 중요한 사례가 있다. 브레멘 Bremen, 독일 북서부의 자유시 시청사 일대의 상황을 살펴보자. 그림69 무엇이 모든 요소를 기념비적 작업으로 통합하고 있는가? 더 많은 수의 공공건물이 광장의 벽을 이루어내는 뮌스터의 대성당광장도 이와 비슷하다. 그림70 건물들의 둥근 벽면은 과거에 공동묘지였는데, 그럼에도 대성당은 그 한쪽 면에 접해 지어진 것으로 보인다. 잘츠부르크의 대성당 주변에 자리한 화려한 군집 광장은 대단히 이탈리아적이며 실제로 이탈리아의 대가들(스카모치 Scamozzi 나 솔라리 Solari 등)의 솜씨이다. 그림71 이 경우, 알프스 북쪽 양식의 주랑 모티브(성당 좌우의 이중기둥홀)를 써서 의도한 효과를 나타내려고 한 점이 눈에 띈다. 여기서 건축가의 의도는 분명했다. 닫힌 광장 군집을 형성하는 것. 그러려면 대성당광장에다 먼저 주랑이나 천장이 덮인 아치를 통해 폐쇄된 공간을 구성하는 작업이 필요했다. 이는 자

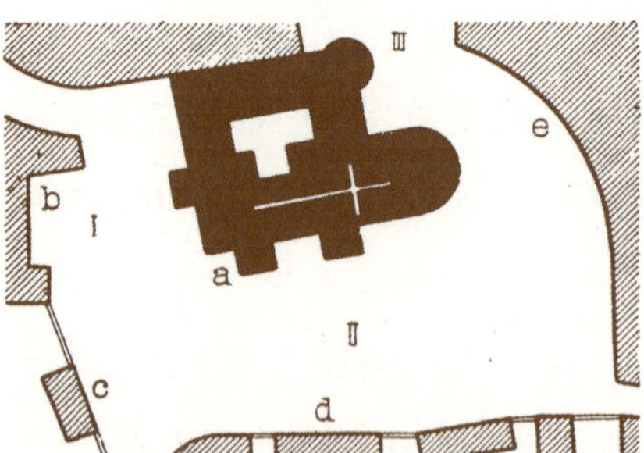

그림69 **브레멘** I. 대성당광장 II. 롤란트동상 a. 대성당 b. 시청사와 주식거래소 c. 프라우엔교회

그림70 **뮌스터의 대성당광장** a. 대성당 b. 주교관 마당 c. 박물관 d. 의사당 e. 은행

유로운 통행을 보장하면서도 광장들을 분리하며, 각각을 닫힌 전체로 보이게 하고 동시에 대성당을 이전 주교관저와 연결하는 점에서 목적에 완전히 부합한다. 그리고 기도실 등으로의 일상적인 접근성과 예술적 인상의 가치를 모두 충족할 수 있다.

(시장광장 외에) 뉘른베르크에서 더 큰 유일한 광장 군집은 에기디엔교회 St. Egidienkirche 주변에서 찾아볼 수 있다. 건물 자체는 이미 완전히 이탈리아 양식을 띠며 건물의 배치 방식도 이탈리아의 체계와 관련된다는 건 놀랄 일이 아니다. 그림73 트렌토 Trento, 이탈리아 북부의 도시 와 트리어 Trier, 독일 남서부 라인란트팔츠주의 도시 의 대성당광장도 이탈리아 양

그림71 **잘츠부르크** I. 대주교관저광장 II. 대성당광장 III. 성당참사회광장 IV. 구시장광장 V. 모차르트광장 a. 대성당 b. 대주교관저 c. 시립우체국 d. 분수 e. 말 음용소 f. 페터수도원

그림 72 로마의 캄피돌리오광장

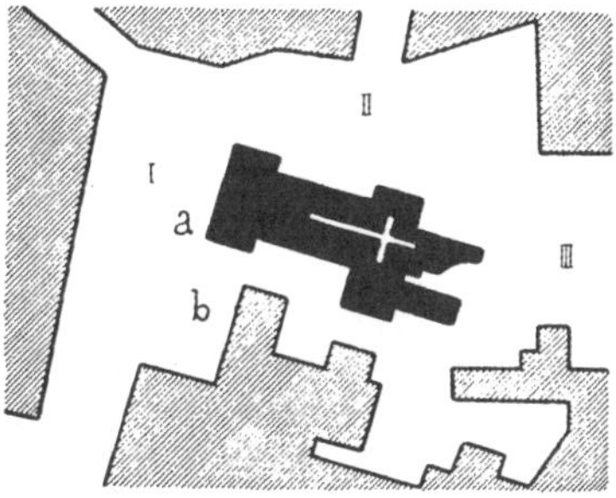

식의 메아리가 울리는 사례로서 추가할 수 있다. 다만 이탈리아식 또는 독일식 광장구성은 대중성의 측면에서는 잘 구별되지 않으며, 포룸과의 유사성을 따져서 비율상 더 크거나 작은 정도로만 가늠할 수 있다는 점을 짚어두어야 하겠다.

고대 로마를 의도적으로 재현하고자 했던 가장 오래된 독일의 건축 시설은 힐데스하임 Hildesheim, 독일 북부 니더작센주의 도시 의 대성당광장과 그 주변이다. 그림74 도면을 완성하기 위해 이탈리아 여행에 예술가를 대동했던 베른바르트 폰 힐데스하임 Bernward von Hildesheim 주교는 자신의 생각을 실현하고자 했던 것 같다. 그러나 고대 로마가 예술의 스승으로 칭송받던 시대는 이미 지나갔다. 이라클리우스 황제 Flavius Heraclius Augustus, 동로마제국의 황제로 7세기 초중반 쇠락 중인 제국을 부흥시킨 인물 의 일대기 『이라클리우스, 로마인의 색채와 예술로부터 *A. Ilg, Heraclius, Von den Farben und Künsten der Römer*』, 1873년, 빈: 빌헬름 브라우뮬러 를 쓴 저자가 서문에서 다음과 같이 서술했다.

> "로마의 백성을 구별하는 정신의 장식은 쇠퇴했고 현명한 원로원의 근면은 사라졌다. 충만한 재능을 지닌 대가들의 예술을 그 누가 우리에게 보여줄 수 있을까?"

하지만 힐데스하임대성당의 안뜰에서 트라야누스 원주 Trajanssäule 의 소형 청동 복제품을 볼 때, 그리고 대성당의 청동 정문에서 판

그림73 **뉘른베르크의 에기디엔광장** a. 에기디엔교회 b. 김나지움(독일의 인문계 중, 고등학교)

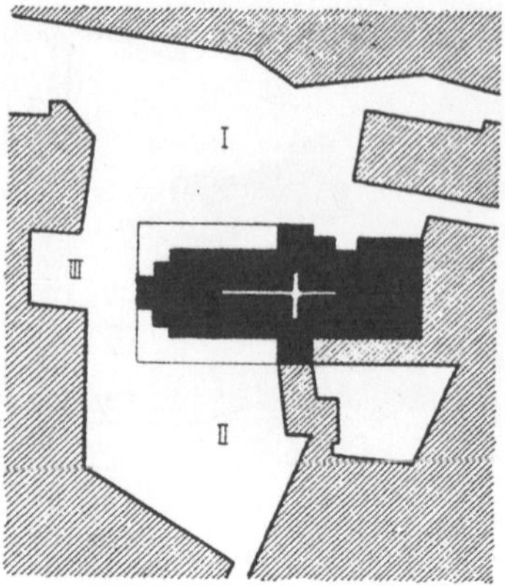

테온의 주 출입구를 연상하는 순간, 우리는 화려한 고대 로마의 기억은 소멸하지 않았으며 그 정신의 독특한 숨결이 여전히 기적적으로 우리를 향한다는 사실을 깨닫게 된다.

고대 로마의 본보기는 이탈리아 사람들의 기억 속에서도 점점 더 사라져갔다. 중세의 예술세계는 완성을 목표로 삼아 성숙해갔고 목표가 달성되자 고대의 부흥 르네상스 에 그 자리를 물려주었다. 고대의 기둥이나 엔타블러처가 다시금 나타나고, 올림푸스가 시와 회화와 조각으로 표현되기 시작하면서 고대의 포룸도 재출현하게 되리라고 생각했다. 하지만 그렇지 않았다. 거리와 광장은 양식의 변화 없이 남아 있었고 주변 건물의 양식이 또 다른 모습을 보일 때만 변화했다. 건축은 고대에는 의미가 없었으나 궁극적으로는 광장이 형태를 갖추는 데 결정적인 역할을 했던 요소들을 아우르면서 예술적으로 발전했다. 이러한 건축적 발효(변화)는 마침내 회화, 조각, 건축이 서로 경쟁하며 탐구했던 영역인 원근법적 효과를 연구할 기회를 마련해주었다. 많은 건축적 배치, 더불어 새로운 건물 유형(작은 정자, 전망대를 포함한 성)도 강력한 원근 효과를 자아내기 위한 노력에 힘입어 등장했다. 회화의 건축 배경에서 원근법을 보조하는 것만으로는 충분치 않았다. 이 모든 것은 현실에서도 구현되어야만 했다. 별개의 예술로서 극장에서

그림74 **힐데스하임** I. 대성당 큰마당 II. 대성당 작은마당

효과적인 무대배경을 만들어내는 것만으로는 충분치 않았고 건축가는 건물, 주랑, 기념비, 분수, 오벨리스크를 비롯한 다른 것들에도 같은 규칙을 적용했다. 그런 후에야 성당과 성, 공원의 데크, 온갖 종류의 원경을 아우르는 세 면이 닫힌 전면광장과 기념비적 건물 전면에 연결된 진입로와 같은 풍부한 모티브가 생성되었다.

세 면이 닫혀 있고 관객을 향해 네 번째 면이 열린 형태의 무대 같은 공간은 배치의 주요 모티브가 되었다. 이러한 효과적인 모티브의 완성은 그 자체로 새로운 상황이었으며, 근래의 원근법 이론 연구에서 파생했으므로 그 시대의 지적 재산임이 분명하다. 사료를 뒤적이다 보면 우리는 의미 있는 것들을 발견하는데 광장의 아름다움, 전체 배치의 우수함 그리고 건물과 기념비의 예술적 가치를 끌어올리기 위해 주변 시설들을 탁월하게 그룹화한 경우는 드물지 않다. 이렇게 완전히 새로운 도시설계의 세계가 바로크 시대에 만개했지만, 몇몇 개념은 초기 르네상스에서 비롯한 게 분명하다. 모든 발명에는 늘 그렇듯이 선구자가 있다. 다만 이 가운데 오늘날까지 사용되는 경우가 극히 드물다는 사실이 그저 놀라울 따름이다. 세 면이 모두 닫힌 구성을 가진 가장 초기의 사례로는 피렌체의 피티궁 Palazzo Pitti, 미켈란젤로의 아이디어에 따라 1536년도에 조성되기 시작된 로마의 캄피돌리오광장 재설계안 그림 72 을 들 수 있다. 도로가 합류하는 일 없이 세 면이 하나의 일관된 전체를 형성하는 가장 아름다운 광장 가운데 하나가 앞에서 언급했던 빈의 요제프광장으로, 그 장엄한 고요함은 타의 추종을 불허한다. 빈에서는 바로크 양식의 개화기에 건축 활동이 활발했고, 이곳에서 당대의 일류 대가들이 일했던 까닭에 바로

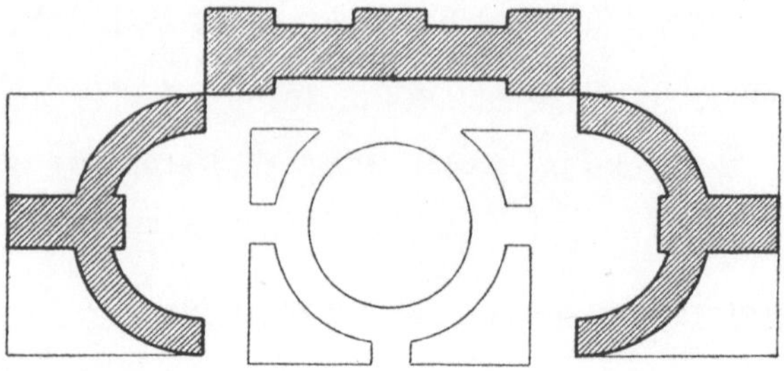

크 양식의 걸작들을 의외로 풍부하게 찾아볼 수 있다. 예를 들어, 빈 제8구의 피아리스텐광장은 빼어난 형태를 지닌 성당광장의 본보기이다.

바로크 건축가의 예술성은 도시시설보다는 궁전 건축과 대규모의 수도원 단지에서 더욱 쉽게 발견된다. 인접하여 지은 성당과 그 앞의 광장, 원근법적 조망 등 이미 검증된 모티브가 적용된 사례로는 멜크 Melk, 괴트바이크 Göttweig, 크렘스뮌스터 Kremsmünster, 플로리안수도원 Stift Sankt Florian, 에스코리알수도원 Escorial 을 비롯해 이와 비슷한 장소들을 꼽을 수 있다. 바로크 시대와 그 후대의 궁전들에서 세 면이 둘러싸인 전정과 개방된 네 번째 면의 구성은 하나의 고정 모티브가 되었다. 코블렌츠 Koblenz, 독일 서부 라인란트팔츠주의 도시 의 궁전 그림75, 뷔르츠부르크의 주교공관 그림76, 드레스덴의 츠빙거궁과 여러 건물을 비롯해 18세기에 지어진 대부분의 귀족 저택은 어김없이 이 유형을 따랐다. 빈 다리 Wienbrücke 의 매력 넘치는 진입부에서 바라보면 멀리서부터 눈에 띄는, 빈 근교에 자리한 쇤부른궁 Schönbrunn 도 이렇게 화려한 방식으로 지은 건물이다. 그림77

그림75 코블렌츠의 선제후궁

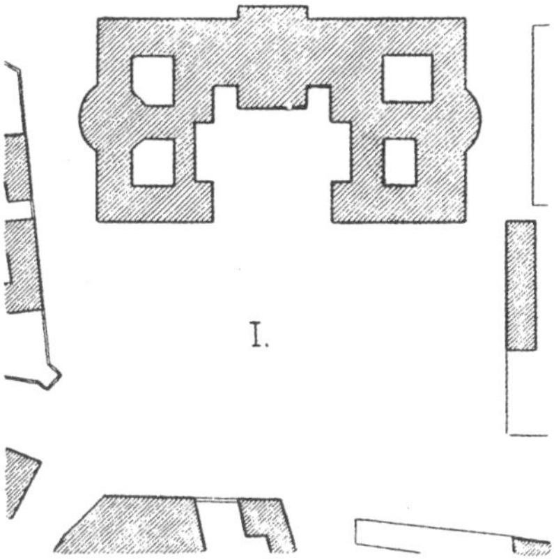

바로크는 이전 시대에 비해 고유성을 지니며, 그 체계는 점진적으로 등장한 것이 아니라 오늘날의 작업과 같이 도면 위에서 한 번에 마무리되었다. 이로써 우리는 이러한 설계 방식이 현시대 도시와 광장시설의 무미건조함에 대한 불평불만에 전적으로 책임이 있는 것은 아니라는 점 그리고 기하 형태와 제도용 자로 그은 선만을 그 자체로 목적으로 삼아서는 안 된다는 사실을 알 수 있다.

바로크식 구성에서는 모든 요소를 충분히 고려하고 실제 형상을 미리 결정한다. 투시도 효과를 계산하는 것과 광장을 구성하는 기술은 이 양식의 가장 뛰어난 측면이다. 바로크 양식은 고대의 법칙과는 본질적으로 차이가 있으나 도시설계의 예술적 측면에서 독창성이 절정에 달했다는 데는 의심의 여지가 없다.

이 모든 배치의 근간이 되는 무대 투시도의 개념은 궁전과 기념비적 건물에 명확히 표현되었다. 코블렌츠성의 배치 방식은 드레스덴의 츠빙거궁을 비롯한 다른 여러 곳에서 찾아볼 수 있다. 그림75 특히 오늘날의 선호 경향과는 반대이지만 나름대로 장점을 보이는 사례가 뷔르츠부르크 주교공관의 볼륨 구성이다. 그림76 근대의 시청사, 대학 건물, 크고 작은 중정을 갖춘 광범위한 건물단지에서도 이와 비

그림76 뷔르츠부르크의 주교공관

그림77 빈의 쇤부른궁

슷한 변형을 발견할 수 있다. 건물 중앙에 하나의 중정 공간을 두고 그 양쪽에 두 개의 작은 중정을 배치하는 이 변형 배치 방식은 매우 인기가 좋으며 서로 인접한 빈의 신 시청사와 대학건물에도 적용되었다. 이 배치 방식은 차차 배치도를 통해 살펴보겠다. 어쨌든 이러한 현시대의 배치 방식과 옛 바로크 거장의 방식은 본질적으로 매우 다르다. 지금은 주요 중정(몇몇은 이미 살펴본 도시의 광장보다도 규모가 더 크다)이 건물 내부의 일부인데, 이를 통해 필연적으로 처음부터 건물 전체가 현시대의 블록 체계를 따라 외부와는 구조적으로 연관이 없는 네모반듯한 정육면체로 구상되었음을 알 수 있다. 이는 도시설계에 이미 지정된 요소로, 이를 변경하는 것이 개별 건축가에게는 권한 밖의 일이다. 바로크 양식은 매우 달랐다. 커다란 메인 중정의 한 면을 활짝 열어두어, 화려한 건축으로 채운 힘 있는 공간이 도시 풍경에 통합된 모습을 모든 통행자가 자유롭게 바라보도록 했다. 이 장점은 어디서 비롯하는가? 말할 것도 없이, 옛 대가들 덕분이다. 다만 현시대 건축의 문제점에서 책임은 건축가에게 있는 것이 아니라 부패한 도시계획 관청에 있다. 이미 말했듯이 빈에서 기념비적 건물에 자리한 거대한 중정은 일류의 걸작품이다. 하지만 실제로 그 중정을 누가 볼 수 있단 말인가? 대학의 웅장한 열주식 중정을 본 적이 있거나 볼 예정이라고 말하는 빈 시민은 전체의 5퍼센트도 안 될 것이라고 장담한다.

개별 건축물도 사정은 마찬가지여서 건축에 대한 이러한 생각을 따라가다 보면, 건축가는 현시대에 정육면체 건물을 기준으로 이미 정해진 건축부지 규정의 비좁은 틀에서 움직일 수밖에 없다는 사실을 마주한다. 정면 입구를 이상적이고 아름답게 하려는 계획도 대부분 무산된다. 풍부하게 마감된 건물의 정면부와 현관 경사로에는 그 장점을 제대로 발현시키기 위한 공간이 필요하다. 하지만 이에 대한 요구는 받아들여지지 않고, 경사로를 최대한 건물에 밀착시켜 모든 것을 벽면 속으로 집어넣어야 한다. 만약 건축가가 광장과 그 주변에 대해 더 자유롭게 계획할 수 있다면 얼마나 큰 영향을 미칠 수 있을까?

VIII.

현시대 도시설계에서 모티브의 빈곤과 무미건조함

최근 도시설계에서 예술적 측면의 역사가 건축이나 타 예술 분야의 역사와 얼마나 부조화하는가를 확인하면 그저 놀라울 따름이다. 다시 말해, 도시설계는 주위의 선행 요소들을 전혀 고려하지 않은 채 제 갈 길만 가고 있다. 르네상스와 바로크 시대에도 차이는 있었지만, 고대의 양식이 두 번째로 발굴되면서* 그 경향이 더욱 심해졌다. 모방의 정확도는 훨씬 더 정교해졌고, 모든 것을 가능한 한 고대의 원본에 충실하게 재현하려고 노력한다. 심지어 실제 목적이나 실용적 요구에 부합하기 위해서가 아니라, 고대 예술을 그저 열정적으로 찬양하려는 목적에서 옛 건축물을 값비싸게 재현하기도 한다. 레겐스부르크의 발할라 Walhalla, 독일에 공헌한 사람들의 헌액 전당 는 그리스의 신전을 본떠 지었다. 뮌헨에선 로지아 데이 란치를 복제했고 초기 기독교 성당이 재건되는가 하면 그리스의 프로필라이아 Propylaea 와 고딕 성당도 축성되었다. 그러나 이 모든 건물에 접해 있던 광장들은 과연 어디에 있는가? 아고라, 포룸,

* 고대의 유적과 예술이 발굴되면서 이를 재해석하는 부흥 운동은 시기에 따라 서로 다른 경향을 띠었다. 첫 번째 시기인 르네상스기에는 고대 로마에 무게를 좀 더 두었다면 두 번째인 신고전주의 시기에는 고대 그리스에 좀 더 무게를 두었다. - 옮긴이 주

시장광장, 아크로폴리스는 어느 누구도 떠올리지 않는다.

현시대의 도시건축가는 예술적 모티브를 활용하는 데 극도로 인색하다. 직선으로 정렬된 주택과 직육면체의 건물블록만이 과거의 영광에 대응할 뿐이다. 이전 시기에 건축가는 돌출창, 탑, 경사지붕, 박공, 카리아티드 Caryatid, 건축물의 원주나 기둥을 받치는 여성의 조각상 를 비롯하여 지구상 어딘가에서 지어졌던 것들로 채워둔 스케치북 안의 모든 것들을 실현할 수 있을 만큼 넉넉한 예산을 책정받았다. 반면 예술성이 결여된 도시설계에는 열주, 입구 아치, 개선문 시설이나 수많은 모티브를 건설하는 작업에 단 한 푼도 주어지지 않는다. 모두에게 무료인 공기조차도 도로 엔지니어나 위생 전문가의 권한이기에, 도시건축가에겐 '건물블록' 사이의 빈 공간을 예술적으로 구성할 수 있는 자유조차 없다. 오늘날 예술성과 관련하여 도시설계의 좋은 모티브들은 아무것도 남지 않을 때까지 하나하나 버려지며, (그것이 실재했음을) 증명하는 무언가가 존재했다는 기억조차 지워진다. 우리는 여전히 훌륭한 모습을 갖춘 옛 광장과 단조로운 현시대의 광장 사이에서 엄청난 차이를 느낀다. 요즘 성당과 기념비는 광장 중앙에 세워지고, 모든 도로는 직각으로 만나거나 광장을 넓은 폭으로 둘러쳐서 건물로 그 광장을 닫을 필요가 없다. 더욱이 그러한 광장을 마무리하기 위해 기념비를 세울 필요가 없다는 점도 오늘날에는 너무도 당연하게 받아들여진다. 우리는 오래된 광장에서 깊이 감동하지만, 인과관계를 더 이상 파악하지 못하기에 그러한 효과를 재현할 방법을 모르는 것이다.

현시대의 도시계획이론가인 R. 바우마이스터는 도시확장을 다룬 그의 저서(『기술, 건설정책, 경제 측면에서의 도시확장』) 97쪽에서 이렇게 썼다.

> "광장에서 건축적으로 만족스러운 인상이 생성되는 순간은 일반 규칙으론 거의 설명할 수가 없다."

이 이상의 증거가 필요한가? 도시건축의 예술적 역사를 조망하는 도시설계개론을 전체적으로 좀 더 상세히 정리하는 것만으로 충분하지 않을까? 아주 다양한 조건에서 바로크의 대가들이 도시설계 분야에서 성취한 것들을 자세히 살피는 것만으로도 책 몇 권은 너끈히 지을 수 있다. 그런데도 지금껏 단 한 명의 이론가, 즉 바우마이스터만이 이 주제에 대해 기술했다는 사실은, (현재의 도시건축이 과거와의) 인과관계를 상실했음을 여지없이 증명한다고 생각한다.

오늘날에는 누구도 도시설계를 예술작품으로 대하지 않으며 단지 기술 문제로만 여긴다. 건물의 예술적 효과가 기대에 부합하지 않으면 우리는 당황해서 어쩔 줄을 모른다. 하지만 다음 계획을 실행할 때는 마치 철도 공사를 수행하듯이 다시 모든 것을 기술의 관점에서만 취급하고 예술의 담론은 생각하지 않는다.

모든 사소한 작업을 아우르는 요즘 미술사에도 도시설계에는 조금의 보잘것없는 자리조차 주어지지 않는다. 반면 제본업자, 대장장이, 재단사들은 피디아스 Phidias, 기원전 5세기 아테네의 조각가 와 미켈란젤로의 옆자리를 꿰차고 있다. 이 상황을 도저히 납득할 수 없다면, 이제 어떻게 우리가 도시설계에서 예술적 전통의 끈을 놓쳤는지를 입증해야 할 차례다. 다시 돌아가서 기존 자료들을 분석해보자.

분명 현시대의 체계를 배척하는 경향은 존재한다. 그러한 평가가 일간지와 주간지에 주기적으로 게재된다. 현학적인 직선들로 이곳저곳을 채워 넣은 현시대 건물의 전면부는 이런 부정적인 경향을 심어주는 주요 원인이다. R. 바우마이스터도 앞에서 언급한 저서 97쪽에서 이렇게 썼다.

> "우리는 '현시대 도로'의 지루함에 대해 불평하고 '블록건물의 볼품없는 입체 효과'에 대해 비판할 권리가 있다. 기념비의 배치와 관련해서는 이미 몇 가지 더 중대한 사고가 발생했다는 점을 살펴보았다.• 그러나 뒤쪽에서 제대로 관람하려면 기념비는 모름지기 광장 한가운데에만 세울 수 있다는 것이 마치 자연법칙처럼 불가피하게 정해져 있으므로, 그것의 나쁜 영향의 원인은 한 번도 알려지지 않았다."

R. 바우마이스터가 언급했던, 가장 광범위한 배척의 평가 중 한 가지 사례는 프랑스 파리의 일간지인 『피가로 *Le Figaro*』지 1874년 8월 23일자에 게재되었던 맥 마혼 총독의 여정에 관한 기사에서 찾아볼 수 있다.

> "렌 Rennes 이 총독에게 반감이 있는 것은 아니지만 이 도시에선 어떤 열정도 느껴지지 않는다. 나는 이 감정이 직선을 따라 배치되고 거리가 직각으로 교차하는 모든 도시에 해당한다는 사실을 알게 되었다. 직선은 아무런 자극도 남기지 못한다. 1870년• 에도 규칙적으로 건설된 도시는 세 창기병 연대에게 쉽게 점령당한 반면, 오래되고 각진 도시는 최대한 방어할 태세가 되어 있었던 것을 확인할 수 있다."

직선과 직각성은 그 도시설계가 감수성을 결여했음을 알리는 확실한 증거이다. 하지만 수많은 바로크 양식의 건물

- • 광장 중심에 기념비를 세우거나 외부 공용공간에 있던 기념비를 실내(박물관 등)로 옮겨서 전시해온 일들을 가리킨다. –옮긴이 주
- • 1870년에 발발한 프랑스와 독일(프로이센제국) 간의 전쟁, 일명 보불전쟁으로 인해 두 나라 국경 근처의 여러 도시에서 쟁탈전이 일어났다. –옮긴이 주

에도 직선과 직각의 요소들은 사용되었으며, 그럼에도 강력하고 순수한 예술적 효과를 달성했다. 따라서 직선과 직각 요소의 사용 자체를 무미건조한 작업의 결정적 요소라고 단정할 수는 없다. 다만 도로에서 직선을 남용하는 데는 위험성이 따른다. 직선으로 뻗은 1마일 거리의 가로수길은 제아무리 훌륭한 풍경을 거느렸어도 지루할 뿐이다. 이 길은 자연의 감정과 굽어진 지형에 대립하면서 단조로운 효과만을 자아내므로 정신적으로 지친 사람들은 그 길이 끝나기만을 고대한다. 너무 긴 직선도로도 마찬가지다. 게다가 요즘 도시에서 흔히 볼 수 있는 짧은 도로들도 나쁜 영향을 미치는데, 여기에는 다른 원인이 작용한다. 광장이 그렇듯이, 도로를 따라 세워진 건물들이 완전히 닫히지 않아서 그러한 것이다. 넓은 교차로가 계속 끊기면서 좌우에 건물블록만이 남겨진 채 통합되지 않아 (전체로서) 효과를 낼 여지가 없어지기 때문이다. 오래된 아케이드와 지금의 모방작을 비교해보면 더욱 명확해진다. 옛 아케이드는 대부분 각 부분이 건축적으로 훌륭하게 마감되었으며, 사람의 눈이 닿는 한 도로의 회전을 따라 끊임없이 이어지거나 광장 주변, 최소한 한 면을 따라 닫힌 형태를 띤다. 옛 아케이드의 효과는 바로 이 연속성에서 비롯하는데, 그야말로 아치의 열들을 더 큰 전체로 통합시켜 감명을 전할 수 있는 유일한 방법인 것이다. 반면 현시대 도시시설은 전혀 다르다. 빈의 보티프교회 주변이나 신 시청사가 그렇듯 뛰어난 건축가들이 아치라는 화려한 옛 모티브를 통해 우리를 감탄시키는 데 성공했다 하더라도 그 효과는 딴판이다. 그래서 그저 바라보는 것만으로는 선례를 거의 떠올릴 수 없다. 로지아도 예전보다 훨씬 크고 화려하게 만드는데 어째서 의

도한 효과가 실현되지 못하는 것일까? 개별 아케이드는 건물블록에 (통합되지 않고) 그저 붙어 있으며, 교차로에 따른 끊김 현상으로 인해 어떠한 전체 효과도 발휘되지 않기 때문이다. 이 교차로의 입구가 아케이드로 연속적으로 이어져야만 통합의 효과가 나타날 것이다. 단절된 모티브는 손잡이 없는 곡괭이로 남을 뿐이다.

같은 이유에서, 도로를 따라 구성된 건물의 파사드도 통일감을 전하지 못한다. 요즘 도로는 대부분 모퉁이 건물들로 채워져 있다. 고립된 블록들의 대열은 모든 상황에서, 심지어 곡선을 따라 배치된 경우에도 효과가 떨어진다.

이렇게 생각하는 동안 우리는 문제의 핵심에 다가갈 수 있다. 현재 도시설계에서는 채워진 대지와 빈 대지의 관계가 정확히 역전되었다. 과거에 빈 공간(도로와 광장)은 계산된 효과와 형상을 가진 하나의 닫힌 전체로서 자리했다. 하지만 오늘날에는 규칙적으로 닫힌 형태의 건축부지 사이에 남겨진 곳들을 도로와 광장으로 조성한다. 과거에는 빗각 모서리와 아름답지 않은 모든 부분이 부지 내에 숨겨졌다. 반면 오늘날 토지개발계획에서 도로 네트워크는 건축적 측면(R. 바우마이스터의 저서 96쪽 참고)을 고려할 때 안락한 주거건물의 평면을 보장해야 한다는 것이 가장 중요한 법칙이며, 모든 불규칙한 자투리 부지는 광장 공간으로 남겨진다. 따라서 거리의 직각 교차로가 더욱 우선시된다. 그런데 직각이 아닌 건축부지를 두려워하는 건축가가 과연 있을까? 만약 있다면, 그는 평면설계의 초보 단계조차 아직 넘어서지 못한 자임이 분명하다. 바로 이렇게 불규칙한 부지에서 대부분 흥미롭고 더 나은 해결책이 나오기 때문이다. 이는 도시시설을 더 많이 연구해야 하거나 공장과도 같이 지극히 평범한 건물을 피해야 하기 때문이 아니다. 일반적으로 건물 내부에는 도시시설에 해당하지 않는 온갖 종류의 자그만 보조 공간(엘리베이터, 나선형 계단, 헛간, 변소 등)을 수용하는 데 알맞은 자투리 공간들이 남겨진다. 따라서 이른바 '건축상의' 장점을 이유로 직사각형 건물부지에 대해 위와 같은 가정을 세우는 것은 근본적으로 잘못되었다. 평면 개념을 이해하지 못하는 사람들만이 그러한 가정에 고개를 끄덕일 것이다. 거리와 광장의 모든 아름다움이 그런 헛된 망상에 빠지는 것이 가능할까? 요즘은 그런 것도 같다.

불규칙한 형태의 부지에 서 있는 건물의 복잡한 건물 평면을 살펴보면 (만약 건물이 잘 설계된 경우에) 홀, 방, 기타 주요 공간들이 가장 좋은 형태를 이룬다는 점을 알 수 있다. 여기서도 불규칙성은 보이지 않는 곳, 그러니까 석벽의 지지체나 앞서 말했던 몇몇 보조 공간에 넘겨진다. 삼각형의 방은 보기에 좋지 않고 가구를 배치하기가 어려워서 아무도 선호하지 않는다. 그리고 나선형 계단처럼 원형이나 타원형 공간은 불규칙한 두께의 석벽에 수용되곤 한다. 고대의 도시설계도 정확히 이와 같았다. 도시에서 홀과 같은 형식의 포룸은 규칙적인 형태로서, 잘 드러나는 빈 공간은 시각 효과를 계산하여 설계했다. 반면 불규칙한 모든 것은 불규칙하게 지은 매스 안에 삽입했다. 세부도 이런 법칙에 따랐으며, 마지막으로 자연스레 생성된 도시의 모든 불규칙성은 가장 작은 부분으로 녹아들어 석벽의 지지체 안에 숨겨졌다. 이는 극히 단순하고도 합리적인 방안이었다. 오늘날은 정반대의 상황이 벌어지고 있다. 예를 들어, 같은 도시에 자리한 세 군

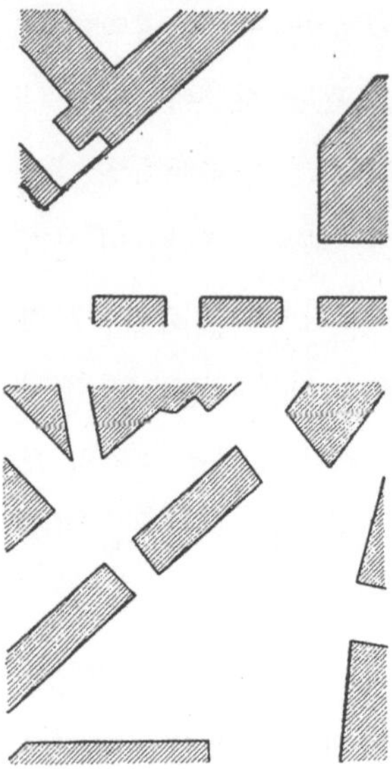

데의 광장인 트리에스테 Trieste, 이탈리아 동북부 프리울리베네치아줄리아주에 있는 도시 의 카세르나광장 Piazza della Caserna 그림78, 레냐광장 Piazza della Legna 그림79 그리고 보르사광장 Piazza della Borsa 을 보자. 예술적 관점에서 이는 광장이 아니라, 직각의 건물블록을 잘라내고 남은 공간의 잔해일 뿐이다. 더불어 널따랗고 불리한 형태를 띤 다수의 도로유입 지점들을 볼 때, 우리는 바로 이러한 광장에서 기념비를 배치하거나 건물을 효과적으로 강조하는 것은 불가능함을 깨닫는다.

여기서 한 가지 논의할 것이 있다. 옛 광장의 불규칙성은 이미 다른 장에서 언급했고 그 유익함도 입증했다. 이번 주제도 마찬가지다. (옛 광장과 현시대 광장이 지닌) 이 두 가지 유형의 불규칙성 사이의 결정적 차이는 참고도판 그림78-80 에서도 드러나는 불규칙성이 신뢰할 수 없고, 한눈에 바로 인지되며, 건물의 정면과 인접한 도시시설 사이의 정렬이 규칙적일수록 더욱 두드러지기 때문이 아니다. 이와는 다르게 앞서 논의했던 (옛 광장의) 불규칙성은 우리의 눈을 속이곤 한다. 지도에서는 금방 눈에 띄지만 실제로는 그렇지 않은 것이다. 고대의 건물에서도 유사한 점이 발견된다. 고대인들은 각도를 정교

그림78 트리에스테의 카세르나광장

그림79 트리에스테의 레냐광장

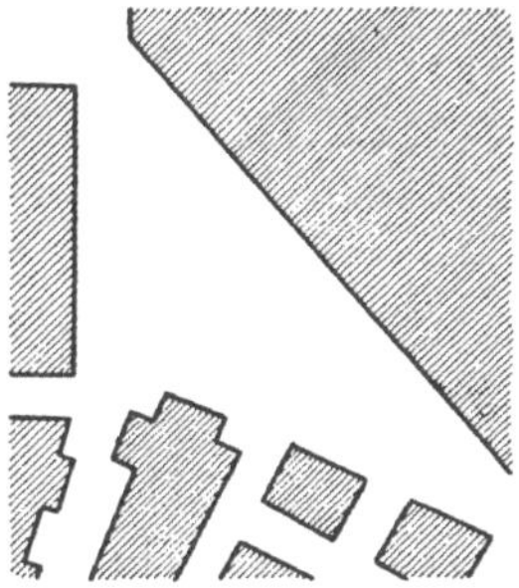

하게 맞출 능력이 없었기 때문에 로마네스크와 고딕 성당의 도면에서는 축 사이에 직각이 형성되는 경우가 거의 없었다. 그러나 이런 부분이 눈에 띄지 않았으므로 전혀 문제가 되지 않았다. 마찬가지로, 고대 사원 건물의 평면에도 완전한 직각 형태의 기둥은 없다. 다만 이런 부분은 정교하게 측량해야 알 수 있으며 육안으로는 구별할 수 없어서 그렇게 중요하지 않았다. 한마디로, 도면이 아니라 지어진 건물의 효과에 따르는 것이다. 한편으로 엔타블러처의 완만한 곡면 등 믿을 수 없을 정도의 미묘함이 눈에 들어오는데, 그 미묘함은 측량된 적이 거의 없었지만 실현되었다. 미묘함은 눈에서 시작되었고, 지시도 눈을 통해 이루어졌기 때문이다. 현시대 도시설계 체계의 단점은 이전과 현재의 경험을 비교할수록 모순이 축적된다는 것 그리고 예술의 측면에서 비교할 때마다 그러한 모순이 더욱 명확해진다는 데 있다. 건물을 정렬할 때 그 정리선에서 요철이 생기는 것을 두려워하고 회피한다는 점, 도로가 굽어지는 경우에는 건물 정렬이나 처마 장식의 높이까지 강조해서 표시한 견본 도면을 기준으로 규정 높이를 적용해서 수평적으로 동일한 폐쇄 효과를 내려고 애쓴다는 점도 기억해야 한다. 마지막으로, 동일한 형식과 조형을 지닌 창문이 끝없이 나열되고, 작은 벽기둥이 과잉되는가 하면, 대부분 질 나쁜 시멘트로 공장에서 생산해서 작은 규격에는 거의 의미가 없는 소용돌이 장식을 끝도 없이 반복한다는 것 그리고 같은 형태의 창문이 끝

그림80 트리에스테의 보르사광장

없이 늘어서 있으며 이러한 정렬마저 피하려고 블라인드 창으로 대체하면서 만들어진 조잡하고 시끄러운 벽면도 기억해야 한다.

그래도 결론을 내리기 위해서, 이어지는 장에서는 현시대의 체계를 간략히 언급하고자 한다.

IX.

현시대의 체계

현시대의 체계! 그렇다! 우리는 모든 것을 엄격하게 체계화하고, 그렇게 정한 틀에서 머리카락 한 올만큼도 벗어나지 않으려 한다. 삶에 즐거움을 가져다줄 독창적인 생각들을 그 체계 속에 억누르는 것이 우리 시대의 징표이다. 오늘날의 도시설계에는 세 가지 주요 체계와 몇몇 아종亞種 들이 있다. 주요 체계는 사각형, 방사형 그리고 삼각형 체계이며, 아종은 대부분 이 세 가지가 섞인 잡종이다. 예술적인 관점에서 볼 때 모든 종류의 체계가 무가치하며 그 혈관 속에는 예술의 피가 단 한 방울도 포함되어 있지 않다. 세 가지 체계가 추구하는 목표는 도로망의 규제뿐이며 그 의도는 애초부터 순전히 기술적 측면이다. 도로망은 예술이 아닌 교통의 차원에서만 유용한데, 계획도면 이외에선 전혀 느낄 수도 조망할 수도 없기 때문이다. 이런 연유로 이전의 모든 논의에서 도로망에 대해 언급하지 않았다. 고대 아테네나 로마, 뉘른베르크, 베네치아에 대한 논의에서도 도로망에 대한 언급은 없었다. 예술적인 관점에서 보자면 이해할 수 없기 때문에 무관심한 것이다. 예술적으로 중요한 것은 하나의 거리 또는 하나의 광장처럼 조망할 수 있는, 한눈에 보이는 것뿐이다.

단순히 생각해보면, 특정 조건 하에서라면 어떤 종류의 도로망도 예술적 효과를 올릴 수 있다는 것이 분명하다. 불행히도 현재 우리가 사는 새로운 도시들에서 종종 그러한 것처럼 거칠고 무분별하게 적용되지만 않는다면 말이다. 교통전문가가 자신의 어깨 너머로 예술가가 바라보는 것을 허용해 컴퍼스와 제도용 자를 약간만 조정할 수 있도록 한다면, 이것만으로도 사각형 체계는 예술적으로 완벽한 광장과 주변 도로를 만들 수 있다. 예술가는 자신의 목적을 이루기 위해 몇 개의 주요 도로와 광장들만 필요하고, 나머지는 기꺼이 교통상황이나 일상적인 필요에 양보할 수 있다. 그렇기 때문에 합의가 이루어진다면 둘 사이에서 '모두스 비벤디 modus vivendi, '무언가와 함께 하는 삶의 방식'이라는 의미의 라틴어 문구'가 가능할 것이다. 도시에서 넓은 면적이 주거시설로서의 소명을 다하고 이때 도시는 '작업복을 입은 모습'으로 드러난다. 그러나 소수라 하더라도 주요 도로와 광장들은 주민들의 자부심과 기쁨을 위해 '근사한 외출복을 입은 모습'으로 존재해야 한다. 그래야 자라나는 젊은이들에게 애향심과 고귀한 감정을 불어넣어줄 수 있다. 이것이 바로 우리가 옛 도시에서 찾고자 하는 것이다. 옛 도시의 골목길 대부분이 예술적으로 그리 의미가 있진 않다. 다만 예외적인 상황에서 즐거움을 찾는 여행자들에게는 아름답다고 느껴질 수 있는데, 그들에게는 사실 모든 것이 만족스럽기 때문이다. 그러나 비판적인 시각에서 생각해보면, 도시 중심에 위치한 몇몇 주요 도로와 광장만이 남게 된다. 고대인들은 그 수단을 현명하게 활용하여 바로 이곳들에 공공 예술품으로서 수집될 수 있는 것들을 높은 밀도로 집중시킨 것이다.

여기에서 현시대의 도시설계로부터 예술적 가능성을 검토하려는 입장이 분명해진다. 다시 말해 타협의 가능성을 찾는 것이다. 그러나 이미 이전의 사례에서 확인되었듯이 예술이 필요로 하는 모든 요건은 현대적 관점에서 거부될 수밖에 없다. 예술적 측면을 옹호하고자 하는 이는 한편으로는 순수한 교통 중심의 관점이 한 치의 오차도 없는 완전한 것이 아니며, 다른 한편으로 예술적 요건이 현대적 삶(교통, 위생 등)에 무조건적으로 상반되는 것이 아님을 단호히 보여주어야 한다. 이번 장에서는 전자(순수한 교통 중심 관점의 불완전성), 다음 장에서는 후자(예술적 요구와 현대적 삶의 요구 사이의 연관성)를 보여줄 것이다.

가장 빈번하게 사용되는 것은 직사각형 체계이다. 그림 81 이는 매우 일관적으로 계획된 도시 만하임 Mannheim, 독일 남부 바덴뷔르템베르크주의 도시 에서 상당히 초기에 실현되었다. 정확히 체스판과 같은 모양으로, 모든 거리가 조금의 예외도 없이 두 방향으로 수직 교차하며 도시 외곽의 녹지를 향해 곧게 뻗어나간다. 독점적으로 지배하는 직사각형의 블록 덕분에 거리마

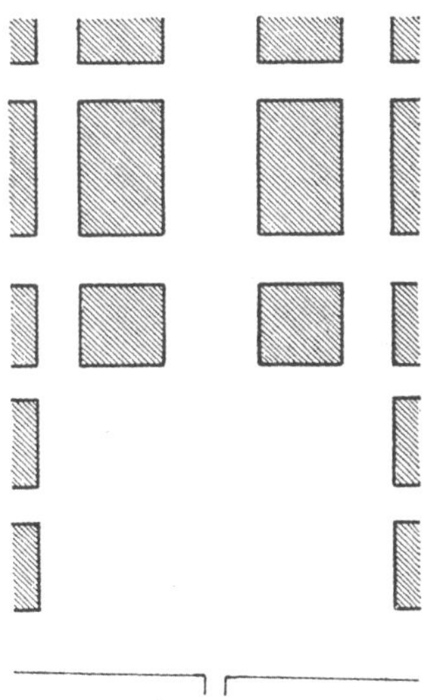

그림 81 리옹의 벨쿠르광장(구 루이14세 기마상의 위치)

다 이름을 붙일 필요조차 없어서, 건물블록의 주소가 한 방향으로는 알파벳, 다른 방향으로는 숫자가 붙여질 정도이다. 이로써 옛 형태의 마지막 잔재가 지워지고, 상상과 판타지로 돌아갈 수 있는 여지는 남지 않았다. 만하임이라는 도시는 스스로 이 체계의 발명자가 된 셈이다. 그러나 자처했을 땐 아무런 피해도 없는 법이다. Volenti non fit injuria, '동의한 때엔 손해가 발생하지 않는다'는 의미의 유명한 라틴어 법언 사각형 체계에 대해 쏟아진 수많은 비판과 경멸을 수집해 책을 출판하려는 노력을 기울이기만 하면 아마 몇 권은 족히 낼 수 있을 것이다. 그럼에도 이 체계가 어떻게 세계를 정복할 수 있었는지에 대해서는 거의 납득할 수가 없다. 이 체계는 도시의 새로운 부분이 생성될 때마다 적용된다. 충분히 잘 기능하기 때문에, 방사형 및 삼각형 체계에서도 최소 작은 도로망들은 사각형 체계로 배치된다. 교통 순환의 측면에만 관심을 가진 사람들조차 이러한 조합을 오랫동안 거부해왔기 때문에 매우 놀라운 일이라 할 수 있다. 그들이 지적한 체계의 폐해에 더해 여전히 한 가지 더 추가해야 하는데, 지금까지 간과되었던 교통 흐름의 측면에서 본 교차로의 단점이다. 먼저 유입되는 지점이 하나인 도로의 차량 흐름을 살펴보자. 그림82 여기서는 좌회전을 허용하는 것으로 가정한다. A에서 C로 운행하는 차량은 C에서 A로, 또는 C에서 B로, B에서 A로, B에서 C로 가는 네 가지 다른 차량과 만날 수 있다. A에서 B로 가는 차량도 마찬가지로 네 가지 다른 만남의 경우가 있다. B에서 A로 운행하는 차량은 다른 차량과 마주치는 단 두 번의 경우가 있다.

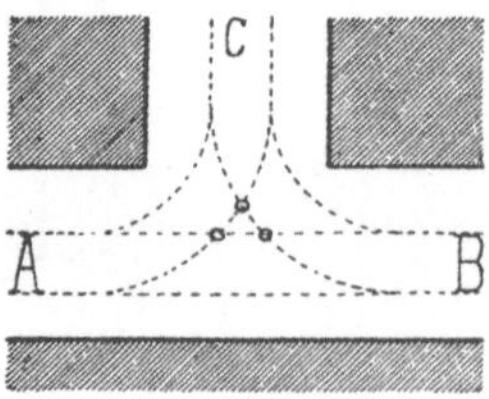

그림82 교차로의 교통 흐름

나머지 두 경로는 이전의 경우에 포함되어 있으므로 생략한다. 예를 들면 B에서 A로 향하는 차량은 A에서 B로 향하는 차량과 모든 만남의 경우가 동일하다. 마찬가지로 자동차가 C에서 B로 이동하는 경우 만남의 가능성은 두 번뿐이며, 운전 방향이 C에서 A 그리고 C에서 B로 가는 경우에 새로운 변수는 없다. 결과적으로 중복되는 경우를 제외하면 다음의 열두 가지 경우가 가능하다는 것을 알 수 있다.

AB와 BA	AC와 BA	BA와 CA
*AB와 BC	AC와 BC	BA와 CB
*AB와 CA	AC와 CA	*BC와 CA
AB와 CB	AC와 CB	BC와 CB

이 열두 가지 만남의 지점을 각각 살펴보면, *표로 표시된 경우에 차선이 서로 교차한다는 것을 쉽게 알 수 있다. 그 결과 교통의 흐름상 불리한 세 곳에서, 한 차량이 지나가고 나서야 다른 차량이 계속 주행할 수 있는 교통체증이 발생한다. 그러나 이런 지점이 세 군데뿐이고 교통량이 지나치게 많지만 않으면 심각한 정체가 생기는 경우는 드물다. 한 도로에서 다른 도로(보통 더 넓고 중요한 도로)로 합류하는 방식은 옛 도시에서 자주 볼 수 있는 동시에 생각해볼 만한 교통적 장점들을 가진다. 2개의 도로가 십자로에서 교차하는 경우 상황은 더 나빠진다. 여기에서도 중복을 제외하고 16개의 교차 지점을 포함해 쉰네 가지 경우의 수가 발생한다. A에서 B로 가는 단일 차량의 경로 그림83 는 네 가지 다른 경로와 교차하고, C에서 D로 가는 차량은 교차로 한가운데에서 이에 가로막힐 가능성이 있다. 따라서 이러한 빈

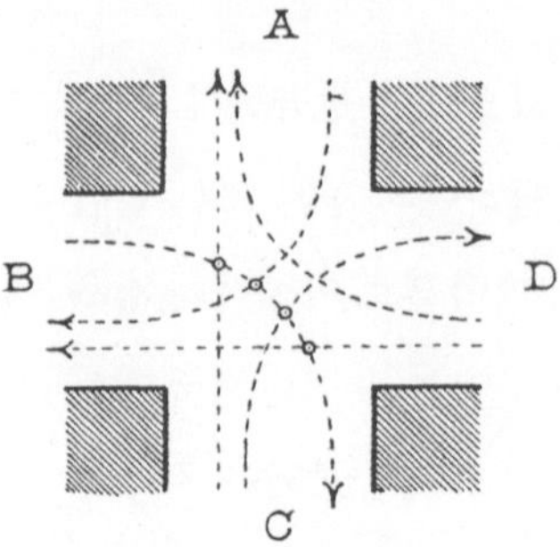

번한 교차가 이루어지는 곳에서는 차량 속도를 낮춰야 한다. 차량을 자주 이용하는 사람이라면 누구나 알 수 있듯이, 도심의 신시가지에서는 아예 서행을 벗어날 수 없는 반면, 좁고 붐비는 구시가지의 골목길에서는 오히려 속도를 더 낼 수 있다. 너무도 당연한 것이 구도심에는 교차로가 드물고 골목길이 대로와 합류하는 경우가 상대적으로 적기 때문이다. 이는 보행자들에게 있어 더욱 심각한 일이다. 그들은 백보마다 한 번씩 길을 건너기 위해 인도를 벗어나야 하며, 그때마다 좌우에서 달려드는 차량을 피하기 위해 주의를 기울여야 한다. 건물 파사드가 쭉 이어지지 않기 때문에 보행자들을 자연스럽게 보호할 수도 없다. 소위 산책로들이 발달된 도시라면 어디에서나 보행자의 측면을 따라 건물 파사드들이 끊어지지 않고 길게 이어지는 것을 관찰할 수 있다. 사람들은 무의식적으로 이 길을 따라 산책하게 되는데 그렇지 않으면 차량의 움직임을 지속적으로 경계하느라 산책의 즐거움이 사라질 수 있기 때문이다. 이는 빈의 링거리에서 매우 명확하게 발견된다. 정원협회 건물부터 캐른트너거리 Kärntnerstraße 까지 밀집한 군중들은 도심 쪽으로 난 링거리의 안쪽 길만을 따라 이동한다. 반면 여름에는 더 쾌적하고 시원하기까지 한 반대편 길은 황량하다. 왜 그럴까? 더위를 피해 간 남측에서는 슈바르첸베르크광장 Schwarzenbergplatz 을 횡단해야 하는 것이 매우 불편하기 때문이다. 그런데 캐른트너거리에서 궁정박물관 Hofmuseen 으로 향하는 도중 군중들은 갑자기 링거리의 반대편으로 이동한다.

그림 83 교차로의 교통 흐름

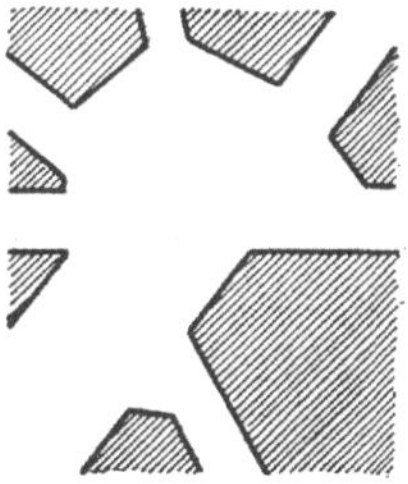

왜일까? 그렇게 하지 않으면 이번엔 측면이 보호되지 않는 오페라극장의 진입로 전면부를 지나가야 하기 때문이다.

4개 이상의 도로가 교차하는 지점과 마주할 때 우리는 비로소 교통 상황이 얼마나 심각한지 알게 된다. 그러한 교차 지점에 단 하나의 도로만 더해져도 차량이 서로 마주칠 수 있는 경우의 수는 백육십 가지 증가한다. 처음 논의된 사례의 10배 이상의 수치이며, 더불어 교통체증의 가능성 또한 증가한다. 그렇다면 카셀의 쾰른거리 Kölnerstraße 그림84 처럼 6개 이상의 도로가 사방에서 모여드는 교차로에 대해서는 어떻게 해야 할까? 인구가 밀집한 도시의 중심부에서 하루 중 가장 사람이 많은 시간대에는 자유로운 교통이 불가능하며, 정부의 개입이 이루어져야 한다. 무엇보다 필요에 따라 교통의 흐름을 통제하는 교통경찰이 배치되어야 한다. 이러한 교차 지점은 보행자에게 명백히 위험하다. 극단적인 위험을 타파하기 위해 중앙의 교차 지점에 작은 피난 섬이 마련되곤 하는데, 그 중심에는 아름답고 가느다란 가스등이 마치 넘실대는 차량의 바다 속 등대와 같이 솟아 있다. 이 피난 섬은 아마도 현대 도시설계의 가장 위대하고 독창적인 발명품일 것이다. 이러한 안전대책이 있음에도 길을 횡단하는 것은 민첩한 사람들에게만 허락되며, 노약자들은 위험을 피하기 위해 거리가 더 먼 우회로를 선호한다.

이는 모든 예술적 전통들을 모조리 거부하고 교통문제 해결에만 주의를 기울인 현시대 체계의 성과이다. 심지어 이런 혼돈의 교차

그림84 카셀의 쾰른거리

지점을 '광장'이라고 명명하기까지 하는데, 광장의 성격을 정의하는 모든 것들이 사라진 채 비실용적이며 아름답지 않은 것들이 쌓여 있음에도 말이다. 그야말로 광장과 도로의 성격을 고려하지 않고 교통이라는 측면만을 따라 이루어진 도시설계의 결과이다.

직사각형 체계가 사용되는 경우 지형이 고르지 않은 곳이나 도시의 옛 지구와 새로운 지구가 합류하는 곳에서 이러한 교차 지점이 발생한다. 그러면 기존의 체스판 형태에서 벗어날 수밖에 없으며 소위 '광장'이라 부르는 삼각형 공간이 생성된다. 그림 78-80 참고 방사형 체계나 혼합 체계 그림 85 가 사용될 경우에는 더욱 빈번하게 일어난다. 새로운 도시설계의 자부심은 카셀의 쾨니히스광장과 같은 원형 그림 86 이나 토리노의 에마누엘레광장 Piazza Emanuele 처럼 팔각형 형태의 완전히 규칙적인 조형을 통해 완성된다. 모든 예술적 감성과 전통이 사라지는 것을 이보다 분명히 인식할 수는 없을 것이다. 이러한 기하학적인 광장은 평면도에서는 순수하고 규칙적으로 보인다. 그러나 실제로는 과연 어떨까? 고대인들이 교묘하게 피하려 했던, 광장에서 도로 방향으로 시선이 뻗어나가는 상황이 이곳에서 극대화되고 말았다. 또한 교통의 교차 지점이 모든 시

그림 85 리옹의 혼합 체계가 사용된 교차로

그림 86 카셀의 쾨니히스광장

선이 머무는 중심점이 되어버렸다. 광장을 돌아다닐 때 보행자의 시점에서 보이는 전망은 항상 비슷하기 때문에, 실제로는 자신이 광장의 어디쯤 서 있는지 잘 모른다. 이방인은 그 혼란스러운 회전목마와 같은 광장에서 단 한 바퀴만 둘러보아도 그 즉시 모든 방향 감각을 잃게 된다. 팔레르모의 빌리에나광장 Piazza Vigliena, 콰트로 칸티(Quatro Canti)로도 불림 의 네 모서리를 장식한 호화로운 건물들은 너무나 일률적이기 때문에 위치를 파악하는 데 전혀 효과가 없다. 이 팔각형 광장에는 수직으로 교차하는 두 방향의 길만 있음에도, 종종 한쪽 길 어귀에서 도로명이나 유명한 건물들을 찾아 방향 감각을 다시 회복하려는 이방인들을 볼 수 있다. 이는 실제로 광장의 방향성, 시선의 다양성 그리고 건물의 인상이 상당히 부족하다는 것을 의미한다. 이 모든 것에 큰 비중을 두던 고대인들이 유별난 성향이었던 것이다! 실제로는 비중을 두는 것이 정상이라는 의견의 반어법 파리에서만 현시대의 도시설계의 체계를 독점적으로 사용한 것은 아니었지만, 일찍이 이 도시에서 가스등이나 기둥 형태의 기념비가 있는 피난 섬을 갖춘 이런 형태의 광장이 모습을 드러냈다. 부분적으로는 이전 시대의 자연스러운 저항, 다른 한편으로는 특히 이곳에서 좋은 예술적 전통을 생생히 유지시키고자 하는 집요함에서 기인한 것이었다. 따라서 도시의 여러 구역마다 다르게 진행되었지만 전체적으로는 바로크 예술 전통의 특정 유산이 공통된 기초로서 주어졌을 가능성이 높다. 원근법적 효과를 추구하는 경향이 이어져 온 것이 분명한 사실이며, 넓은 가로수길이 끝나는 지점에 기념비적인 건물을 위치시키는 것이 이 체계의 핵심으로 옛 순환도로와 현시대의 관례를 연결시켰다. 반면 상황에 따라 오래된 주거 매스는 폭력적으로 잘려나가거나 제거되었다. 대규모로 진행된 화려한 도시 정비는 금세 프랑스의 여러 대도시에서 급속히 유행이 될 만큼 성공적이었다.

님 Nîmes, 프랑스 남부 가르주의 주도 의 생미셸광장 Place S. Michel 그림87 은 불규칙한 도로들이 유입되어 과도하게 열린 형태의 광장이 만들어진 사례이다. 리옹의 뒤퐁광장 Place du Pont 및 유사한 다른 광장들도 언급할 수 있다. 이 방식은 훨씬 온건하고 현대적으로 완화되었음에도 고대 로마 네로 시대의 특단의 조처를 막연하게 연상시킨다. 가로수길과 순환대로는 마르세유, 님(쿠흐네프 Cours Neuf, 그랑쿠흐길 Boulevard du Grand Cours, 프티쿠흐길 Boulevard du Petit Cours), 리옹(쿠흐나폴레옹 Cours Napoleon), 아비뇽(쿠흐보나파르트 Cours Bonaparte) 그리고 도처의 다른 도시들에 지어졌다. 이탈리아에서는 이와 유사하게 여러 차선과 가로수길을 포함한 넓은 도로시설을 코르소 Corso 혹은 라르고 Largo 라고 부른다. 빈, 함부르크, 뮌헨, 라이프치히, 브로츠와프, 브레멘, 하노버 같은 도시에서는 무너진 옛 성벽 자리에 넓은 순환도로가 등장했다. 프라하에서는 구시가지 Altstadt 와 신시가지 Neustadt 사이에 대로가 생겼고, 안트베르펜 Antwerpen, 벨기에 북부 안트베르펜주의 주도 도 마찬가지였다. 뷔르츠부르크에서는 율리우스산책로 Juliuspromenade 와 궁정산책로 Hofpromenade 및 기타 도로들이 오각형을 이루며 형성되었다. 그단스크의 랑

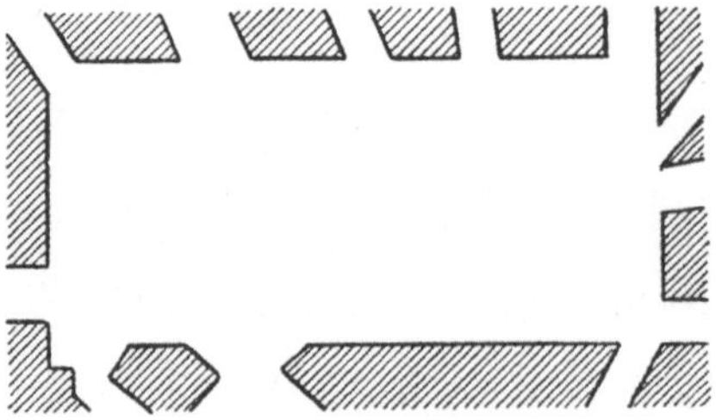

그림87 님의 생미셸광장

길 Langgasse, 바이마르 Weimar, 독일 중부 튀링겐주의 도시 프라이부르크의 카이저거리 Kaiserstraße, 아우크스부르크 Augsburg, 독일 남부 바이에른주의 도시 의 막시밀리안거리 Maximilianstraße, 베를린의 운터덴린덴 Unter den Linden 가로수길 등의 사례에서는 오랫동안 자연 발생적으로 생겨난 가로수길의 모티브를 발견할 수 있다. 예거차일레 Jägerzeile, 빈 남부의 교외지역 와 그라벤 Graben, 빈 구도심의 유명한 도로 은 원경을 염두에 둔 더 넓은 폭의 가로수길의 성격을 드러내며, 정비가 완전히 마무리된 후 옮겨질 것이다. 이것이 바로크 양식의 예술적 효과를 지닌 현대적인 도시설계 방식이다.

그러나 기하학적 패턴과 건물블록이 다시 도시를 지배하는 순간, 예술은 침묵해야 한다. 고타 Gotha, 독일 중부 튀링겐주의 도시, 다름슈타트 Darmstadt, 독일 남서부 헤센주의 도시, 뒤셀도르프 Düsseldorf, 독일 북서부 노르트라인베스트팔렌주의 주도, 카를스루에 Karlsruhe, 독일 바덴뷔르템베르크의 도시 의 부채꼴 형태의 도시설계가 명백한 예다. 뮌헨의 루드비히거리 Lüdwigstraße, 빈의 시청광장을 비롯한 이러한 확장 계획의 대부분은 특히 교통상의 필요성에 부합하려는 목적을 가지고 있었지만, 결과적으로 구시가지의 골목길에 가득한 군중과는 반대로 현시대의 거대한 광장과 거리가 황량하고 적막하다는 것을 부정할 수 없다. 교통체증이 절대로 일어날 리 없는 도시 주변부에는 넓은 도로들이 새롭게 건설되고 있으며, 오래된 도심의 좁은 상태는 먼 미래까지 지속될 것이다.

단순한(순전한) 교통 중심의 관점은 그 결과가 너무도 빈약해 예술의 도움, 역사의 교훈, 도시설계의 위대한 전통을 경시할 수 없다는 사실을 입증하기에 충분할 것이다.

오늘날 도시설계의 또 다른 중요한 모티브인 가로수길과 정원을 언급하고자 한다. 의심할 여지없이 여기에는 위생적 요인이 중요하게 작용한다. 대도시 한가운데에서 아름다운 경치가 주는 매력과 수목과 건물 사이의 탁월한 대비 또한 반박할 수 없는 것들이다. 그러나 이들이 올바른 장소에 적용되고 있는지에 대해서는 의문을 제기할 수 있다. 순전히 위생적인 관점에서 보면 답은 매우 간단한다. 모두가 말하듯, 도시 내 녹지가 더 많을수록 좋다. 예술적 관점에서 보면 꼭 그렇지는 않다. 녹지는 그 자체보다 어디에 어떻게 쓰이느냐가 훨씬 중요하기 때문이다. 가장 일반적이고 성공적인 적용 방식은 프랑크푸르트암마인의 유명한 저택지대와 빈의 베링 Währing, 빈의 18구역 별장단지와 같은 몇몇 장소에서 찾아볼 수 있다. 마찬가지로 드레스덴 인근의 오래된 도시 비스바덴 Wiesbaden, 독일 중부 헤센주의 주도 , 니스 Nice, 프랑스 남부의 항만 도시 와 같은 휴양도시 등도 이와 유사한 방식이다.

전원적인 모티브가 대도시의 중심부, 특히 기념비적인 건물의 근처에 다가갈수록 모두가 만족하며 예술적으로 완벽한 해답은 찾기 힘들게 된다. 현시대의 자연주의 풍경화는 예를 들면 거대한 신화나 종교의 배경, 유명한 건물 또는 교회가 추구하는 기념비적 목적에 적합하지 않다. 현실주의(또는 사실주의)와 이상주의 사이에는 아무리 해도 해결할 수 없는 불편하고 조화롭지 못한 양식상의 갈등이 필연적으로 발생하기 때문이다. 어떤 교묘한 노력으로도 영국식 정원이 도시의 기념비적인 주요 광장과 맞닿으며 발생하는 자연주의적 효과와 양식적 장엄함 사이의 충돌을 막을 순 없다. 정돈된 형태의 수목으로 구성된 바로크 양식의 공원만이 오직 이러한 충돌의 감각을 감소시키려는 의지를 보인다. 그러나 옛날 사람들도 주로 궁 건축에 있어서만 이와 같이 건축적으로 규정된 자연을 적용했다. 고대, 중세, 르네상스의 기념비적인 광장들에서 중심은 전적으로 건축과 조각이었다. 대로변의 빈곤하고 병든 가로수에서 보듯, 건축물 앞에 나무들을 심는 것이 얼마나 방해되는 일인지는 모든 건축 사진 속에서 확인할 수 있다. 건축 사진은 귀중한 건물들을 잎이 떨어진 나뭇가지 사이로 조금이라도 더 보여주기 위해 전부 겨울에 촬영된다. 그러나 더 많은 경우에는 방해되는 나무들을 생략해 그릴 수 있다는 이유로 사진보다 (그려진) 투시도 표현이 더 선호된다. 그렇다면 같은 이유로 나무들은 현실에서도 사라져야 하지 않을까? 나뭇잎으로 가려진 빈 광장은 시각적으로 도대체 어떤 의미를 가졌는가?

결론적으로 나무가 건축물의 경관을 가려서는 안 된다는 원칙은 바로크적 이상으로 회귀하도록 추동한다.

그러나 이러한 예술적 원칙을 일관되게 따르는 것은 불가능한데, 자칫하면 현대의 도시설계에서는 나무를 전혀 심지 않는 것으로 귀결될 수 있기 때문이다. 또한 기념비에 적합한 광장이 없는 것과 마찬가지로 나무에 적합한 광장도 존재하지 않는다. 두 경우 모두 이런 불행의 원인은 현대식 건물블록 때문이다. 정말 놀라운 것은 옛 도시의 주거블록 안쪽으로 밖에서는 그 존재를 알 수 없는 양질의 작은 정원이 수없이 많이 숨어 있었다는 사실이다. 이 작은 정원과 현재 우리가 누리는 대부분의 공공정원 모습이 얼마나 다른가? 일반적으로 다수의 인접한 정원으로 구획되고, 이를 둘러싼 건물의 전면부를 통해 거리의 바람과 먼지로부터 보호받는 옛날 주택의 정원은 가능한 한 상쾌한 신선함과 깨끗하고 먼지 없는 신선한 공기를 제공한다. 이곳은 그 소유자를 위한 진정한 휴식의 공간이며, 주변의 거주자 모두에게 더 나은 공기, 채광 그리고 쾌적한 녹지의 전망을 제공하는 축복인 것이다. 반면 현대 주거블록의 뒤쪽은 협소하고 침침하고 종종 창을 열어둘 수 없을 정도로 악취를 풍겨서 중정에 면한 집들은 매우 불쾌한 감옥이나 다를 바 없다. 이로 인해 세입자들은 모두 달아나버렸고 길가 쪽 주택에 대한 수요가 증가함에 따라 도시 전체의 경관에 골칫거리가 되고 말았다. 넓게 펼쳐진 도로에 둘러싸인 오늘날의 공공정원은 비바람에 노출되어 있으며 도로의 먼지를 덮어쓰고 있는데, 거대한 스케일이 이를 막지 못하기 때문이다. 이렇듯 노출된 정원시설은 위생적 목적을 전혀 달성하지 못하며, 먼지와 더위로 인해 특히 무더운 여름 기간에는 사람들이 더욱 기피하게 된다.

슬프게도 문제는 다시금 블록 체계인데, 정원 역시 건물이나 기념비와 마찬가지로 텅 빈 공간 한가운데 덩그러니 위치해서는 안 되며 옛 방식에 따라 만들어져야 한다. 부적절한 나무 심기의 사례로는 빈에 새로 지어진 증권거래소 건물 뒤편의 광장을 들 수 있다. 위생적인 관점에서 보면 이곳에 몇 그루의 나무가 심어져 있던 있으나마나 한 것이다. 왜냐하면 나무들은 그늘도 상쾌함도 제공하지 못하고, 오히려 먼지와 열기에 시들어버리지 않게 손질하는 데 엄청난 노력을 기울여야 하기 때문이다. 나무들은 증권거래소 건물의 경관을 방해할 뿐이다. 이런 곳에 나무를 심기 위해 쓸데없이 낭비되는 비용을 절약해 대신 길거리에 노출되지 않은 닫힌 성격의 정원을 만드는 것이 훨씬 낫지 않을까? 과거 궁정에 속해 있다가 현재는 공공장소로 변경된, 차량이 다니는 도로와 격리된 정원들은 작은 규모로도 위생적 목적을 충분히 수행하며 이곳에서 식물들 또한 더욱 잘 자라난다는 것을 증명했다. 무더운 여름날에도 인파가 정원이 아닌 가로수길이나 대로를 따라 이동하는 모습은 산발적인 나무 식재 방식이 그다지 효과적이지 않다는 사실을 보여준다. 주 기능은 나뭇잎의 수분 증발 원리를 통한 냉각 효과 정도에 있을지 모른다. 이 작은 이점은 가능한 한 모든 곳에서 가로수 식재를 장려하기에 충분히 클 수 있지만, 기념비적인 건축물 전면의 가로수 식재는 막아야 한다. 이곳에서는 식재의 미학적 단점이 위생적 장점보다 훨씬 의미가 있기에, 두 가지 악 중 더 작은 것을 선택해 가로수 식재를 멈추어야 한다.

정원예술 분야에서도 예전의 방법과 새로운 방법 사이의 대립을 이제 다시 하나로 합치는 것이 점점 가능해지고 있다. 오늘날의 시골 마을에서처럼, 옛 도시들의 닫힌 공간 효과를 만들어주는 끊어지지 않는 길의 역사적 발전이 모든 도시설계의 출발점이 되었다. 오늘날의 도시는 주거블록, 광장블록, 정원블록과 같이 도로에 둘러싸여 구획된 개별 블록으로 분할하는 정반대의 노력에 따라 형성되었다. 여기에서 빈 공간의 중심에 모든 종류의 기념비를 보고 싶어하는 강력한 경향이 생겼다. 이것이 바로 불합리한 체계의 본질이다. 이러한 도시설계의 이상은 도로에 면한 건물 전면을 최대한 만들어내려는 수학적 계산에 기반하며, 블록 체계의 형성 원인을 분명히 드러낸다. 각 건물부지의 가치는 면한 도로의 길이에 따라 상승한다. 따라서 각 건물블록 둘레 대비 면적이 최대인 경우 구획된 건축부지의 가치가 최대값에 도달한다. 순수하게 기하학적인 관점에서 원형 건물블록이 가장 유리하다고 볼 수 있는데, 같은 그룹 내에서 중앙의 한 구체 주변에 6개의 동일한 구체를 함께 밀착시킬 수 있기 때문이다. 이러한 블록 사이에 동일한 길이의 도로를 배치하면 타일패턴이나 벌집의 구성 방식과 같은 정육각형으로 변형된다. 인간적으로 이러한 압도적인 추함, 불안정한 무미건조함 그리고 방향성이 혼란스러운 파괴적 개념의 실현이 가능하다고 생각하긴 어렵다. 그러나 이렇게 믿을 수 없는 일이 시카고에서 현실이 되었다.

이것이 블록 체계의 핵심이다! 여기에 예술과 아름다움은 더 이상 어떤 결정도 함께할 수 없다.

사람들이 고대 도시의 아름다움과 편안함을 알고 있었던 옛날의 세계에서는 그렇게 극단적인 한계까지 가는 것은 불가능하다. 현시대의 삶의 조건에는 더 이상 적합하지 않기 때문에 이러한 매력은 상당수 이미 돌이킬 수 없을 정도로 사라졌다. 그럼에도 우리가 정해진 운명을 흘러가는 대로 놔두지 않고, 가능한 한 도시시설의 예술적 가치를 최대한 살리고 싶다면 아직 보존할 수 있는 것과 버려야 할 것을 명확히 구분해야 한다. 다음 장에서 이에 대한 연구를 수행할 것이다.

X.

현시대 도시설계에서 예술의 한계

현시대의 도시설계에서 포기해야 하는 예술적 모티브는 결코 적지 않다. 예술적 감수성을 가지고 있는 사람들이야 이것을 인정하는 것이 물론 힘들겠지만, 실제 예술가는 그러한 감상주의에 빠질 겨를도 없고 빠져서도 안 된다. 또한 시각적으로 아름다운 도시설계를 통해 얻을 수 있는 결과라도 현대적 생활방식에 적합하지 않다면 더 이상 유효하지 않으며 지속적일 수도 없다. 공공의 삶에 있어 많은 것들은 돌이킬 수 없이 바뀌었고, 일부 오래된 건축 형태는 이전의 의미를 상실했으며, 이에 대해 우리가 할 수 있는 것은 없다. 오늘날 중요한 사건들은 고대 로마와 그리스의 목욕탕이나 광장에서 새로운 소식을 외치던 사람들 대신 신문이 전해주며, 우리는 이 변화를 받아들일 수밖에 없다. 시장광장에서의 상품 거래가 점점 줄어들고 우중충한 건물 내부에서 이루어지거나 직접 배달하는 방식으로 변화되고 있다는 사실을 바꿀 수 없다. 물이 현대식 수도관을 통해 직접 집과 부엌으로 편안하게 공급되기 때문에, 공공장소의 분수가 오로지 장식적 가치만을 가진다는 사실도 바뀌지 않는다. 또한 예술작품은 거리와 광장에서 박물관이라는 예술적 우리 동물을 가두는 집 로 점점 더 많이 옮겨지고 있으며, 민속 축제, 사육제 행렬, 기타 행진, 교회 행렬, 야외 공연 등의 예술적 행사들도 곧 기억 속에서 사라지게 될 것이다. 수세기에 걸쳐 대중의 삶이라 할만 한 것들이 공공의 장소에서 자취를 감추었으며, 광장은 그 존재 이유와 의미를 점차 잃어온 것이다. 사람들은 이미 아름다운 광장이 어떠해야 하는지도 이해할 수 없게 되어버렸다. 예술적인 도시설계에 있어서는 인간 자체가 기계가 될 정도로 수학적으로 재단된 현대인의 삶보다 옛날 사람들의 삶이 분명히 더 유리하다. 도시설계의 관점은 전체적으로도, 세부적으로도 달라진 시대적 상황에 따른 필연적인 변화를 요구받고 있다. 무엇보다 도시가 성장하는 규모가 너무도 거대해 이전 예술 형식의 틀을 모든 면에서 산산이 부셔버리고 있다. 도시가 커질수록 광장은 커지고 도로는 넓어지며, 모든 건물들은 수많은 층과 셀 수 없이 많은 창문들로 더 이상 예술적인 효과를 기대할 수 없을 정도로 높고 비대해진다. 모든 것은 척도가 의미 없을 정도로 확장되고, 동일한 모티브의 무한한 반복은 매우 특정한 효과만을 얻도록 만들어 감수성을 무디게 한다. 건축가와 마찬가지로 도시건축가들은 바꿀 수 없는 이러한 상황들 속에서 현재의 대도시에 걸맞은 고유의 기준을 세워야 한다. 이렇게 한 지점에 어마어마한 사람들이 모여들면서 대지의 가치도 엄청나게 올라가며, 개인이던 지방행정기관이던 이러한 가치 상승의 자연스러운 효과를 회피할 수는 없다. 그렇기 때문에 여기저기서 토지구획사업과 도로건설이 시행되고 이를 통해 도시의 오래된 구역에 더 많은 골목들이 만들어지면서, 황당한 블록 체계가 매우 손쉽게 실현되고 있는 것이다. 어느 정도는 지가 상승과 대로변의 건물에 대한 수요 증가와 자연스럽게 연관된 현상으로 그 자체를 단순한 미학적 논의만으로 단정지을 수는 없다. 건축가가 세부 상황에서 불편한 제약이 있더라도 건물의 강도와 역학의 법칙을 준수해야 하는 것처럼, 도시건축가 또한 이 모든 현상이 기본적으로 주어진 조건이라는 것을 유념해야 한다.

순전히 경제적인 관점에서 규칙적으로 토지를 구획하는 현상은 새로운 도시설계에서 거의 피할 수 없는 하나의 요소가 되었다. 그렇지만 통용되는 방식이라고 해서 맹목적으로 따라서는 안 된다. 바로 이 방식으로 인해 소위 '회화적인' 도시의 아름다움이 파멸되고 학살되기 때문이다. 규격화된 토지구획에서는 뉘른베르크나 이와 유사한 옛 도시에서 각자의 독특한 매력으로 우리를 유혹하는 회화적인 길모퉁이를 찾아보기 힘들다. 불행하게도 펨보하우스 Fembohaus, 16세기 말 뉘른베르크 구시가지에 지어진 무역상의 집, 페터슨하우스 Petersenhaus, 16세기 말 뉘른베르크 구시가지에 지어진 귀족의 집, 1945년 공습으로 파괴됨, 하일브론 Heilbronn, 독일 남부 바덴뷔르템베르크주의 도시의 시청사 또는 괴를리츠 Görlitz, 독일 동부 작센주의 도시의 양조장 일대와 같은 수많은 거리의 풍경들은 지속적인 철거를 통해 해마다 줄어들고 있다.

높은 지가는 가능한 최대의 면적을 활용하려는 노력으로 이어지며, 이로 인해 모든 부지들은 항상 현대적인 육면체 건물 유형으로 채워지기에 여념이 없다. 건물 전면의 돌출 양식, 전정, 외부계단, 회랑, 모서리탑 등은 이제 감당하기 어려운 사치가 되었다. 공공 건축물의 경우에도 현대의 건축가들은 기껏해야 상층부의 발코니, 돌출창 또는 지붕에서 이상을 실현시킬 수 있으며, 반면 길에 면한 하층부에서는 오로지 '건축제한선'을 지켜야 할 뿐이다. 우리는 여기에 너무나 익숙해져 외부계단과 같은 일부 훌륭한 모티브가 시대에 뒤떨어진 것처럼 느껴지기도 한다. 이 밖의 흥미로운 건축 요소들은 도로나 광장 같은 열린 공간에서 밀려나 건물 내부로 들어가버렸다. 그러나 모든 요소들이 고갈된다면 도대체 어떻게 예술적 효과가 지속될 수 있을까? 레이던 Leiden, 네덜란드 자위트홀란트주의 도시 이나 볼스바르트 Bolsward, 네덜란드 프리슬란트주의 도시 시청의 웅장한 외부계단이나 하일브론 시청의 모퉁이 기념비와 외부계단이 사라진다면 과연 어떤 예술적 효과가 남아 있다고 할 수 있을까? 현대의 시각에서는 비실용적이라고 보는 이러한 건축 요소들은 도시 전체를 장식하고 영예롭게 한다. 이미 만연해 있는 무미건조함에 비추어볼 때 이와 비슷한 것을 새로운 건물에 제안하려 하는 희망은 존재하지 않는다. 괴를리츠의 시청사처럼 길모퉁이에 외부계단, 테라스, 연단, 조각상을 모두 통합해놓은 매력적인 형태의 제안을 오늘날 어떤 건축가가 단일 프로젝트에서 시도할 수 있겠는가? 뤼벡과 렘고 Lemgo, 독일 북서부 노르트라인베스트팔렌주의 도시 옛 시청사의 아름다운 진입부와 회랑 그리고 돌출형 창문들 혹은 헤이그 Haag, 네덜란드 서부 자위홀란트주의 주도 와 옥센푸르트 Ochsenfurt, 독일 남부 바이에른주의 도시 시청사의 작은 모티브들을 비롯한 많은 것들은 이제는 고갈되어버렸지만 당시엔 삶의 기쁨이 되는 보물이었다. 이를 통해 우리는 '시대정신 zeitgeist'이라고 하는 특별한 주제가 존재한다는 결론에 도달한다. 모두가 베네치아의 두칼레궁전과 로마의 캄피돌리오언덕을 찬양하면서도, 아무도 이와 유사한 것들을 제안하려고 하지 않는다. 할버슈타트 Halberstadt, 독일 북부 작센안할트주의 도시 시청사의 외부계단이 있는 돌출창과 박공지붕으로 구성된 로지아 그리고 브뤼셀, 데벤테르 Deventer, 네덜란드 동부 오버레이설주의 도시, 호흐스트라텐 Hoogstraten, 벨기에 북부 안트베르펜주의 도시, 라에 La Haye, 프랑스 북부 망슈주의 도시 시청사의 외부계단과 유사한 조합들, 로텐부르크 시청사의 거대한 계단현관 등이 유명하다. 그러나 현대적인 감수성은 이러한 외부계단을 거부한다. 겨울의 빙판길이나 눈보라에 대한 상상만으로도 이러한 과거의 모든 환상을 떨쳐버리기에 충분하다. 이뿐만이 아니다. 계단은 현시대의 폐쇄적 은둔족에겐 그저 건물 내부의 모티브 중 하나이며, 그런 면에서 너무 예민해진 나머지 거리와 광장에서 이뤄지던 공적인 활동의 습관이 없어지고 말았다. 우리는 누군가가 지켜보고 있으면 일을 할 수가 없고, 안이 훤히 들여다보이는 창가에서 식사할 수 없으며, 주택의 발코니는 대부분 텅 비어 있다. 건축물 외부에 내부의 건축적 모티브(계단, 홀 등)를 사용하는 것은 고대와 중세 건물의 가장 본질적인 매력 중 하나로 요약될 수 있다. 예를 들면 아말피 Amalfi, 이탈리아 캄파니아주의 도시 에서 높은 수준의 회화적 아름다움, 즉 '픽처레스크'의 특징은 주로 내부와 외부의 모티브가 그로테스크하게 교차하는 가운데 드러난다. 이는 집 안에 있는 동시에 거리에 있다고 느껴지고, 마찬가지로 1층에 있는 동시에 건물 상층부에 있는 것처럼 느껴지는, 해석에 따라 달라지는 기묘한 건축적 조합으로 인해 부여된다. 이것이 베두타 Veduta, 이탈리아어로 '전망'을 의미하며 베네치아 풍경을 아주 세밀하게 그린 그림을 의미 수집가들을 더없이 행복하게 만들고, 우리가 극장의 무대배경으로서 경험하고 싶어 하는 것이다. 현대적인 도시는 너무도 지루하기 때문에 단 한 번도 무대배경으로 선택된 적이 없다.

이러한 환상적인 무대장치와 무미건조한 현실의 대립 속에서 한편으로는 회화적인 특성이, 다른 한편으로는 실용적인 특성이 눈에 띄게 드러난다. 현시대의 주거블록은 예술적 효과가 중요한 무대에는 어울리지 않는다. 그러나 반대로 극장 무대의 회화적 아름다움을 평범한 현실로 옮기려는 시도는 대부분 고려해볼 만한 일이다. 예술적 효과가 있는 모티브가 풍부한 것은 당연히 바람직하며, 가능하다면 더 강한 돌출부, 더 빈번한 건축선의 변화, 구부러지고 울퉁불퉁한 거리, 불균등한 도로의 폭들, 다양한 건물 높이, 외부계단, 로지아, 발코니, 박공지붕 및 무대배경처럼 픽처레스크의 특성이 현저한 것들을 모두 적용해도 결국 현재의 도시에 어떤 불행도 야기하지 않는다. 그러나 이러한 미학적 정신에 고무되어 문제를 직시하지 못하는 사람이 아니라 직접 건물을 짓는 사람이라면, 언뜻 보기에는 해결이 불가능하다고 생각할지 모르는 장애물들이 상당히 많다는 것을 잘 안다. 이상적인 개념을 현실 안으로 완전히 들여오는 것이 도저히 불가능한 이유는 회화적인 디테일들이 모여 만들어내는 매력이 불완전하고 폐허가 된 낡은 것들에 기인하기 때문이다. 그림 속에서는 여러 색으로 덧칠되고 다양한 돌의 질감으로 표현된 깨지고 지저분한 것들이 탁월한 효과를 낸다. 그러나 현실은 이와 완전히 다르다. 더운 여름에 휴가차 잠시 방문하는 것이라면 부서진 성곽도 매우 마음에 들겠지만, 지속적으로 머물 곳이라면 여러 편의시설을 갖춘 현대식 신축건물을 더욱 선호하기 마련이다. 위생 분야에서 옛것과 완전히 대조되는 현시대 도시설계의 위대한 업적을 알아채지 못한다면 완전히 장님이나 다를 바 없을 것이다. 예술적 측면의 과오로 이미 많은 비난을 받아온 오늘날의 엔지니어들은 기적을 일으켜 인류에게 영원불멸의 공헌을 세웠다. 거의 절반 이상으로 줄어든 사망률에서 바로 확인할 수 있듯, 유럽 도시들의 위생상태가 확연히 개선된 것은 그들의 연구 덕분이다. 수많은 도시 거주자의 복지를 위해 얼마나 많은 것들이 세부적으로 개선되었을까! 이 모든 성공을 기꺼이 인정하지만, 이러한 장점을 취하기 위해 도시시설의 모든 아름다움을 포기하는 어마어마한 대가를 치루는 것이 정말로 불가피한 것인지 의문이 남는다.

픽처레스크와 실제 사이의 내적 갈등은 제거될 수 없다. 세상 일들이 보통 그러하듯 이 갈등은 항상 존재할 것이다. 두 가지 상반된 요구들 사이의 내적 투쟁은 도시설계만의 특징이 아니라 모든 예술, 심지어 가장 자유로워 보이는 예술과도 연관된다. 이는 예술의 이상적인 목표와 예술작품으로서 드러날 때 제기되는 물질의 제한적인 조건 사이의 갈등으로 볼 수 있다. 이것과 동떨어진 예술작품은 아마도 추상적으로 표현될 수 있겠지만 결코 감각적으로 실현될 수는 없다. 어디에서나 실용적 예술가들은 기술적으로 가능한 한계 내에서만 자신의 아이디어를 구현해야 하는 불가피성에 직면한다. 이러한 한계가 기술적 수단에 따라, 주어진 시대의 이상적 열망과 실제적 요구에 따라 더 좁아지거나 넓어진다는 사실은 예술사를 연구한 사람이라면 누구라도 부정하지 않을 것이다.

이제 도시설계의 영역에서 예술적 조형의 경계는 매우 좁아졌다. 아테네의 아크로폴리스로 대표되는 높은 수준의 예술작품은 오늘날 엄두조차 낼 수 없어졌다. 현재로서는 아무리 많은 비용을 들여도 이러한 작품을 만드는 것은 불가능하다. 왜냐하면 이젠 기본적인 예술 관념이 부족하고, 대중의 정서 안에 살아 숨쉬다가 작품 안에서 감각적으로 구현되는 보편적인 세계관이 결핍되어 있기 때문이다. 현시대의 예술처럼 어떤 내용도 없이 피상적인 장식을 시도한다 한들 19세기의 현실주의적인 인간에게 있어 이런 도전은 끔찍할 정도로 거대한 것이다. 오늘날 도시 건설자는 무엇보다도 극도의 겸손이라는 고귀한 미덕을 익혀야 하는데, 그 이유는 비용의 부족보다는 순수하고도 본질적인 접근의 부족에 기인한다.

새로운 도시에 거창하고 아름다운 경관을 순전히 장식적인 이유가 아니라, 말하자면 공동체를 대표하고 찬미하려는 목적으로 만든다고 가정한다면, 이것은 자로 잰 듯 일직선을 이룬 지금의 건축선들에 영향을 미치지 못할 것이다. 옛날 대가들의 성과를 이끌어내기 위해서는 팔레트 위에 그들이 사용한 것과 같은 색상들이 있어야 할 것이며, 모든 종류의 곡선, 길모퉁이, 불규칙성들이 도면 위에서 인위적으로 계획되어야 한다. 즉 억지로 꾸민 자유로움, 의도된 우연들인 것이다. 그러나 수 세기의 역사를 통해 만들어진 것처럼 우연한 일들을 도면 안에서 발명하고 구성하는 것이 과연 가능할까? 그렇게 인위적이고 인공적인 자연스러움 속에서 거짓 없는 진정한 기쁨을 누릴 수 있겠는가? 확실히 아니다. 하루만에 거침없이 건물을 쌓아올리는 대신 제도판 위에서 이루어진 정확한 설계에 따라 건설하는 문명화된 시대에는 어린아이처럼 순수한 기쁨은 허락되지 않는다. 우리는 이러한 상황을 바꿀 수 없고, 결과적으로 옛 도시와 연관되어 있는 회화적인 아름다움 대부분을 현재의 도시에서 되살려낼 수 없다. 현대적인 생활과 현대적인 건축기술은 더 이상 오래된 도시시설을 충실하게 모방하는 것을 허용하지 않으며, 이는 헛된 환상에 빠지지 않기 위해 우리가 부정해서는 안 되는 지식이다. 우리는 옛 거장의 훌륭한 업적들을 무심코 복제하는 것과는 다른 방식으로 살아남도록 해야 한다. 오직 우리가 이러한 성과의 본질이 무엇인지 살펴보고 이를 현대적 상황에 의미 있게 적용해야만 척박한 땅에서 새로운 생명의 씨앗을 얻을 수 있을 것이다.

모든 장애물이 있음에도 이러한 시도를 단념해서는 안 된다. 새로운 건설기술, 공공 위생, 교통 편의를 최대한 고려하느라 회화적인 아름다움을 포기하거나 문제의 예술적인 해결책을 포기해서는 안 된다. 또 도로건설이나 기계제작과 같은 기술적 해결책에 만족할 정도로 낙담해서도 안 된다. 예술적으로 완벽한 형태로부터 끊임없이 흘러나와 정신을 고양시키는 감동은 바쁜 일상 속에서도 지속되기 때문이다. 특히 도시설계에 있어 예술의 역할은 광장이라는 장소에 전적으로 적합하다고 볼 수 있는데, 무엇보다 이러한 예술작품은 시민 대다수에게 매일 매시간 교육적 영향을 미치는 반면, 연극과 음악회는 단지 부유한 계층들만 향유할 수 있기 때문이다. 특히 공공 도시설계를 담당하는 행정 당국은 이러한 문제에 관심을 가지며 고대의 원칙들과 현대적 요구를 조화시키는 것이 어느 정도 가능하다는 것을 입증할 수 있길 바란다. 다음 장에서 이 지점을 검토해보도록 하자.

XI.

현시대의 개선된 체계

지금까지의 연구를 종합해보면, 광장들의 예술적 심화를 불가능하게 하는 지루한 블록 체계를 무조건적으로 숭배할 필요는 없다는 결론에 이른다. 옛 도시설계의 분석을 통해 이미 블록 체계의 개선에 대한 많은 전망들이 이루어졌다. 그러나 무엇보다도 '회화적' 특성의 한계와 더불어 새로운 시대의 과도한 실용적 요구에 따른 고충이 존재한다. 이런 어려움에도 최근의 일련의 개념들은 여전히 선례로서 의미 있고 아름답게 실현될 수 있었다.

바로크 양식의 전통에 감정적 뿌리를 둔 모든 것들이 여기에 속한다. 위대한 원칙들이 옛날과 동일하게 강렬하고 의식적으로 실현되는 곳은 이제 어디에도 없지만, 말굽 형태의 건물 배치와 기념비적 건물 전방의 광장 배치 등 바로크 양식의 반향은 여전히 여기저기서 볼 수 있다. 당연하게도 개선된 블록 체계의 사례들은 서로 다른 유형의 혼합으로 인해 항상 양식적 측면에서 허약하고 불분명하다. 비스바덴의 루이젠광장 Louisenplatz 에 놓인 가톨릭교회의 배치 그림88 는

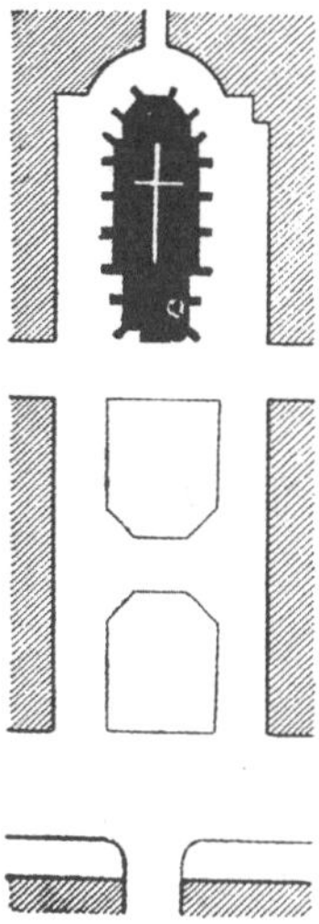

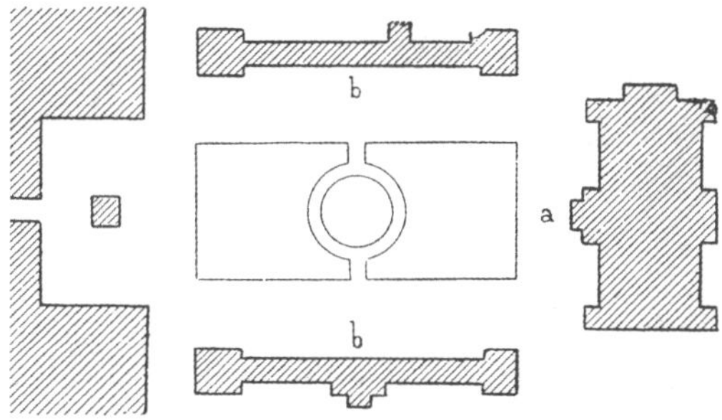

일반적으로 알려진 것보다 훨씬 훌륭하며, 비스바덴에 위치한 두 개의 주랑으로 이루어진 말굽 형태의 요양소 배치 그림89 역시 마찬가지로 뛰어나다. 그러나 왜 어느 곳도 닫힌 형태로 연결되지 않았고 모든 개별 건물이 네 면을 둘러싼 블록 방식으로서 있는지 이해하기 어렵다. 힘이 넘치는 바로크 양식에 대한 기억을 떠올리면 매우 의미 있는 효과를 얻기 위해 무엇이 이루어져야 하는지 충분히 명확해진다.

최근의 새로운 도시확장과 정비에 있어 파리는 위대한 바로크적 이상에 가장 가까운 도시이다. 파리 또한 넓은 면적으로 인한 모든 어려움들이 드러나는 대도시이기에, 이러한 경우 목표했던 효과적인 도시 경관은 우리의 실질적인 요구에 부합하는 것으로 생각할 수 있다.

이전에는 로마가 이에 해당하는 주요한 도시였다. 대도시의 중요성과 확장성으로 인해 대규모 군중의 운집에 대응할 수 있는 현

그림88 비스바덴의 루이젠광장
그림89 비스바덴 a. 요양소 b. 주랑

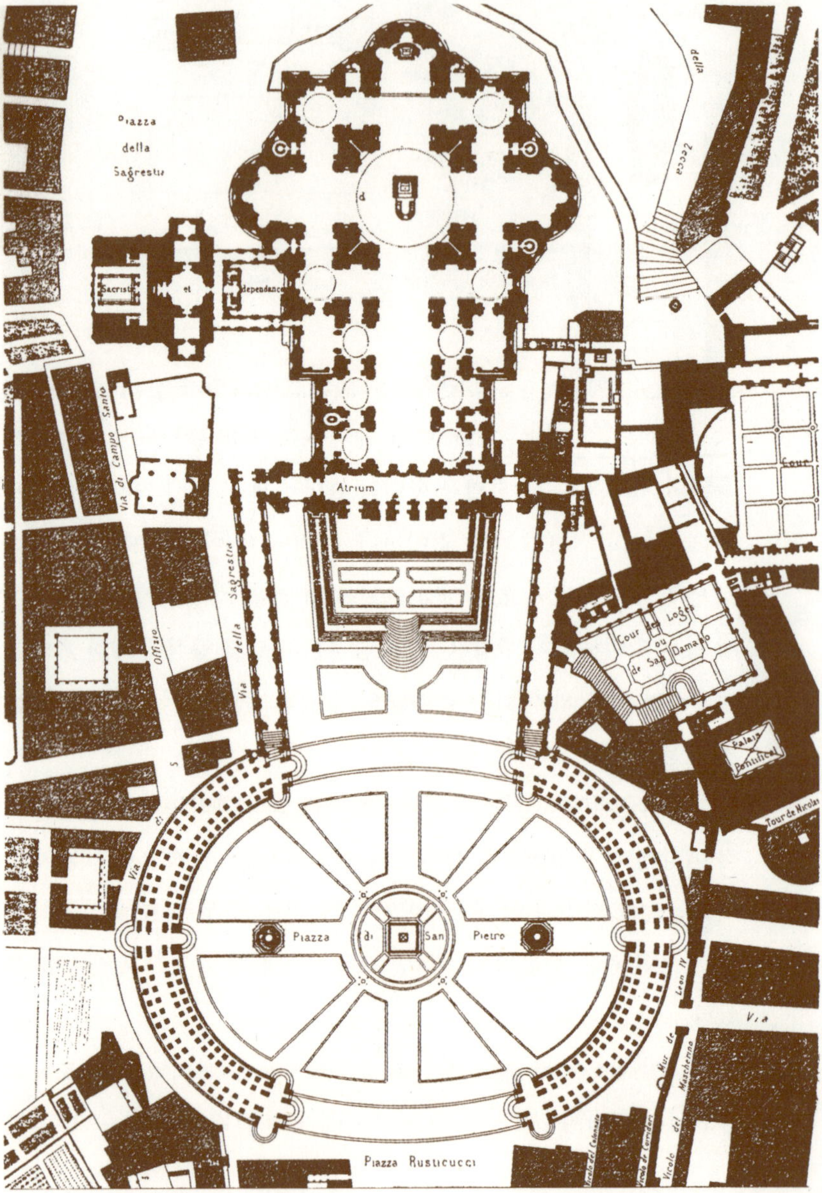

그림90 로마의 산피에트로성당과 광장

대적인 시설들이 초기부터 발전했기 때문이었다. 바로 이러한 시설들이 한편으로는 예술적으로 최고의 시대에서 시작되었을 뿐만 아니라 다른 한편으로는 오늘날 대도시의 요구에도 부합할 수 있었다. 이러한 종류의 시설 중 가장 중요한 사례가 산피에트로광장 Piazza di S. Pietro 이다. 그림 90

무엇보다도 타원형으로 둘러싼 형상은 고대 로마의 영향으로 보이는데, 이러한 형태가 로마에서 자주 나타날 뿐만 아니라 의심할 여지없이 고대 로마의 원형경기장과 원형극장에서 유래되었기 때문이다. 부분적으로는 모방을 통해서, 부분적으로는 나보나광장 Piazza NaVona 의 경우처럼 원래의 경기장 형태를 그대로 살리는 방식으로 많은 광장에서 타원형이 지속되었다. 거대한 포폴로광장 Piazza del Popolo 이 반원 형태인 점을 기억하자. 로마의 이러한 광장 형태는 이탈리아 전역과 그 너머로 퍼졌다. 나폴리의 플레비시토광장 Piazza del Plebiscito 그림 91 과 카타니아 Catania, 이탈리아 남부 시칠리아주에 있는 도시 산니콜로수도원교회 S. Nicolo 앞의 한쪽이 둥근 광장 그림 92 은 이를 증명한다. 북유럽에서 이 유형의 가장 흥미로운 사례는 드레스덴의 츠빙거궁 Zwinger 이다. 이 장엄한 건물은 네 번째 면이 열려 있고, 이로부터 엘베강

그림 91 나폴리의 플레비시토광장

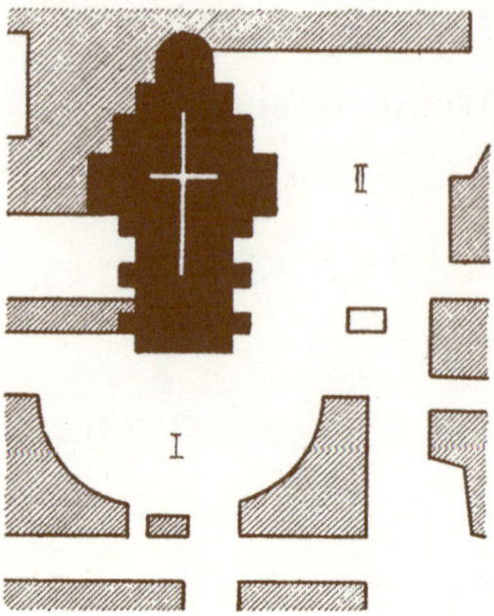

까지의 공간을 오랫동안 방치된 제련소가 점유하고 있었기 때문에 완전히 완성되지 못한 상태로 남아 있었다. 이후 드레스덴 전역에서 마땅한 장소를 찾을 수 없었던 기마상의 전시와 관련해 고트프리트 젬퍼 Gottfried Semper, 18세기 중반 독일어권 지역 각지에서 활발하게 활동한 독일 태생의 건축가이자 예술이론가 가 전문적 평가서를 작성했는데, 최근에 계획된 것 중 가장 흥미로운 도시설계안의 형태를 띠었다. 산피에트로광장의 건설 이후 가장 아름다운 시설로 드레스덴을 장식할 도시설계를 제안함으로써 주어진 질문에 답한 것이었다. 핵심 개념은 젬퍼의 계획안 스케치에서 볼 수 있다. 그림 93

계획안에 따르면 츠빙거궁 전면의 제련소는 그 자리에 기념비적 건물 사이에 닫힌, 포룸과 같은 광장을 만들기 위해 철거되어야 했다. 젬퍼는 모든 대형 공공건물을 이곳에 통합시켜 훌륭한 도시 경관을 창조하는 데 사용하고자 했다. 전체 배치의 주축은 츠빙거궁에서 시작해서 엘베강을 향해 똑바로 뻗어나가야 했다. 궁정교회 Hofkirche 맞은편에는 새로운 극장이 세워질 예정이었다. 왕실의 오렌지정원과 박물관 건물은 극장과 츠빙거궁을 연결하고 상응하게 하는 역할로 이용되었다. 엘베강가에는 산마르코광장처럼 기념비적 깃대를 가지며 거대한 계단시설이 들어선 화려한 부두형 광장이 세워지고, 이후

그림 92 카타니아의 산니콜로수도원교회

이 장엄한 광장 전체는 기념비로 화려하게 장식될 예정이었다.

모든 것이 그대로 이루어졌다면 이 광장은 압도적인 영향력을 발휘했을 것이며 영원한 명성을 얻게 되었을 것이다. 그러나 무미건조하고 소심한 시대정신은 모든 것이 소모되고 망가질 때까지 젬퍼의 설득력 있고 명확한 개념과 대립했다. 극장은 계획된 장소에 지어졌던 반면, 오렌지정원은 의미 없는 길모퉁이에, 마지막으로 박물관 건물은 츠빙거궁을 닫힌 구성이 되게 하는 네 번째 입면으로 사용되었다. 이 무계획, 무의미한 배치에서 박물관 건물은 츠빙거궁 및 그 외 다른 모든 것과 어울리지 않는다. 극장은 황량한 빈 광장에 어떤 연결점도 없이 홀로 세워져 있다. 모든 방향성과 전체적인 효과가 사라졌으며, 물건이 떨어진 매장 안에 멀거니 있는 서랍장처럼 두서없이 세워진

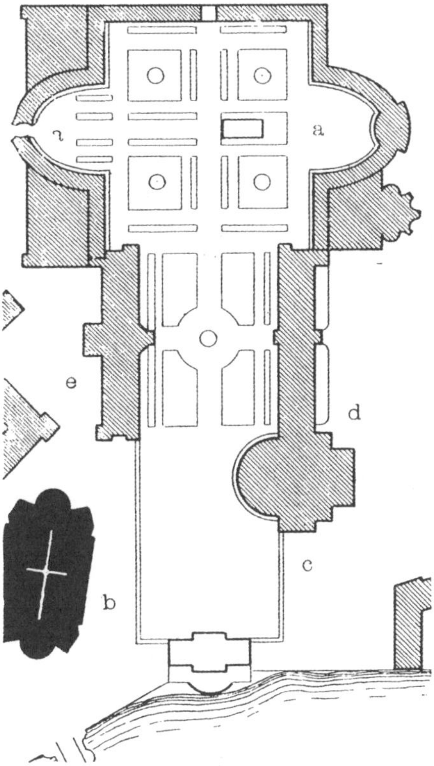

그림 93 고트프리트 젬퍼의 계획안에 따른 드레스덴 츠빙거궁 앞 광장

a. 츠빙거궁 b. 궁정교회 c. 궁정극장 d. 오렌지정원 e. 박물관

건물들이 다시금 응집력 있고 조화로운 전체를 드러낼 가능성은 영원히 사라져버렸다. 이는 드레스덴에게 유감인 것은 물론, 이 위대한 광장을 방문해서 정신적 기쁨과 오래도록 남을 즐거운 추억을 얻게 될 예술 애호가와 교양인들에게도 큰 피해인 것이다.

고트프리트 젬퍼는 빈의 새로운 호프부르크왕궁 Hofburg 과 자연사박물관 건축을 위한 대규모의 제안에 이러한 개념을 다시 한 번 실현하는 특권을 누렸다. 젬퍼의 유산으로 출판된 설계원판의 사본 그림94 에서 그 배치를 볼 수 있다. 드레스덴 계획과 본질적으로 동일한 배치의 모티브는 로마 산피에트로광장에서 고대 로마의 도시설계까지 거슬러 올라간다. 광장은 길이 약 240미터, 너비 약 130미터로 산피에트로광장의 폭과 거의 동일하다. 모든 것이 만족스러운 완성을 향해 꾸준히 나아가기 때문에 호프부르크왕궁 계획안이 드레스덴 계획안보다 더욱 성공적이라고 볼 수 있다.

결국 이 시대의 불운한 흐름에도, 훌륭한 예술가들이 이미 만연해진 무미건조함에 대항할 수 있도록 제대로 지원을 받는다면 위대하고 아름다운 것들을 만들어낼 수 있음이 밝혀졌다. 최근에는 대규모 기념비들도 성공적으로 세워졌으며, 이러한 사례가 예외적인 경우가 아니길 바랄 뿐이다. 근래의 기념비 건립에 있어 빈은 상대적으로 운이 좋았으며, 여기에서 유일한 고려사항인 장소 선정과 관련해서도 마찬가지다. 섬세하게 만들어진 슈베르트 기념비는 도시정원 녹지 안 한적한 광장에 자리를 잡았으며, 하이든 기념비도 그 규모에 적합한 광장에 세워졌다. 그림95 우뚝 솟은 테게토프 Wilhelm von Tegetthoff, 19세기 오스트리아의 해군 제독 해전기념주 Columna rostrata, 해전 승리를 기념하기 위해 만든 기둥 모

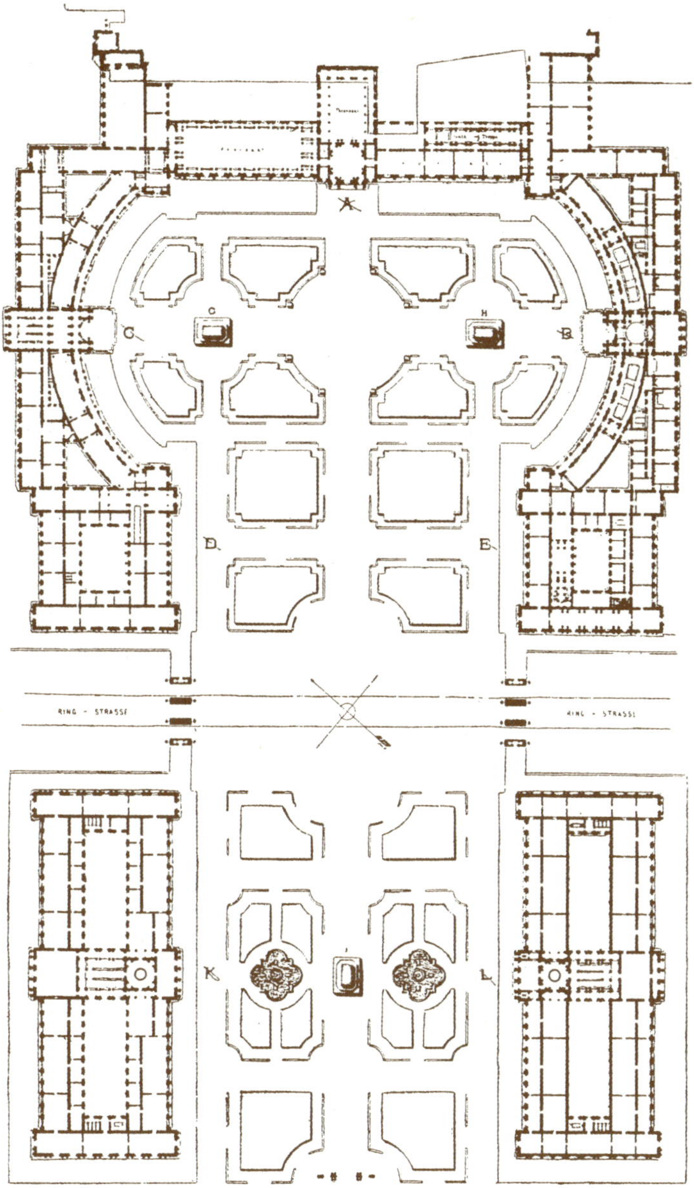

그림 94 **빈** A, B, C, D, E. 새로운 호프부르크왕궁 건물 G. 카를대공 기념비 H. 오이겐왕자 기념비 I. 마리아테레지아여왕 기념비 K. 궁정 자연사박물관 L. 궁정 예술사박물관

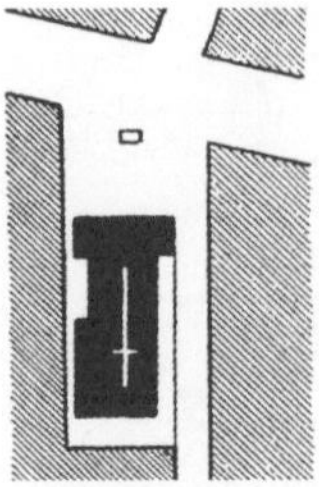

양 구조물 는 넓은 가로수길인 프라터거리 Praterstraße 의 끝부분과 완벽하게 조화를 이룬다. 원형의 프라터슈테른광장 Praterstern 중심에는 가늘고 높은 기둥이나 오벨리스크만이 적합한 형태이며, 이에 합당한 건축설계가 이루어지기를 바랄 뿐이다. 2개 층의 강력한 기둥 구조의 건축물이 완전한 반원 형태로 광장을 둘러싸는 것이 여기서 유일하게 타당한 해결책이다. 이를 위해 미래의 중앙역이나 유사한 시설을 이곳으로 이전하는 것이 가능하지 않을까? 이 책이 인쇄되는 동안 국방부청사 광장이 마침내 라데츠키 기념비가 설치될 장소로 선정되었다.• 기념비가 놓이는 방향으로는 광장의 중심축 또는 국방부청사의 중심축의 두 가지 가능성이 있다. 첫 번째 경우 기념비가 광장의 중심축 위에 있어야만 광장 전체의 입지가 모두에게 명확해질 수 있다. 반면 두 번째 경우에는 기념비가 광장의 중심축에서 국방부 건물 쪽으로 약간 밀려나 있어야 하는데, 이는 바로 기념비의 의미와 건물과 기념비가 어떠한 내적 연관성을 갖는지 명확히 보여주기 위해서이다. 두 경우 모두 이점이 존재할 것이다.

마리아테레지아여제 기념비의 규모 산정 및 그룹화는 완전히 성공적인 걸작으로 평가할 수 있다. 궁정박물관의 강렬한 건축, 광장의 거대한 규모, 기념비의 자유로운 배치를 위해 전체적이며 완결성 있는 설계 능력이 요구되었으며,

• 이런 결정은 1월 28일 건축가·엔지니어협회에서 열린 '광장의 생성 및 기념비 건립'에 대한 저자의 강연에서 영감을 받은 것이다. 이 강연은 광장 중앙의 기념비 설치만이 적합하다는 의견에 반대하며 광장 가장자리의 설치 이유와 역사적 사례에 대해 거의 공통적인 승인을 이끌어냈다.

그림95 빈 a. 마리아힐프교회 앞의 하이든 기념비

모든 것은 성공적이었다. 이 기념비의 윤곽은 그 자체로 두 박물관의 커다란 중심 돔과 조화를 이루며, 네 모서리에 있는 작은 돔의 군집과 함께 조각적인 효과를 내며 다시 한번 기념비의 전체적인 윤곽을 반복한다. 이는 완전하고 순수한 삼위일체이다.

이렇게 모든 도시에서 최근 들어 이루어진 기념비 건립은 일정 부분 이상 성공적이었다. 개별 사례마다 예술가들이 중대한 실수를 방지하기 위해 최선을 다했기 때문이다. 그러나 예외 없이 도시의 모든 광장과 길모퉁이에서 기념비들은 여기저기 분산되는 파편화를 겪는다. 여기엔 분수가, 저기엔 동상이 세워지고, 매우 드문 경우에만 웅장한 건축물과 기념비들이 전체적인 경관을 이루는 것이 가능할 뿐이다. 모든 중요한 건물과 모든 기념비들이 하나의 전시처럼 질서정연하게 배치된다면 작은 지방도시라도 훌륭한 광장의 본래 모습을 즐길 수 있을 것이다. 이를 가능하게 하는 것이 바로 광장의 구성방식을 잘 이해하고 준비하는 것이며, 이것이 개발 계획의 과업이 되어야 한다. 그러나 지금까지 말해온 어떤 예술적 필요성에도 현시대의 블록 체계는 이를 냉정하게 거절한다. 토지판매기록의 막대그래프처럼 이러한 처참한 구획 블록이 계획안에 한번이라도 표시되면 모든 노력은 헛된 것이 되고, 이러한 방식으로 배치된 도시지구에서는 의미 있는 것은 절대로 발생할 수 없다. 이것이 오래된 성벽과 같은 옛 도시의 틀이 철거를 통해 조정되어야 하는 장소에서는 대부분 새로운 시설들이 더 성공적이었던 반면, 자연적으로 특별한 장애물이 없는 평평한 대지 위에서는 완전히 새로운 조성이 늘 실패로 끝난 이유이다. 또한 완전히 자유로운 토지구획의 경우 애초부터 예술적 관심을 지키는 것이 가능한지에 대한 의문이 생긴다.

최근 수십 년 동안 수많은 도시확장이 명백한 실패의 결과로 나타났고, 어떠한 조치가 이루어져야 한다는 사실은 이미 모두가 인정하고 있다. 사전에 건물부지를 천편일률적으로 격자화시키는 것은 미학적으로 받아들일 수 없음이 확인되었으며, 건축의 발전을 위해 더 큰 자유를 부여함으로써 옛 도시들의 도시설계에 다가가고자 했다. 이런 의미에서 1874년 베를린에서 열린 독일 건축가 · 엔지니어협회 총회에서 다음의 사항들이 결의되었다(1874년 『독일건축신문 *Deutsche Bauzeitung*』 참조).

1. 도시확장 계획은 기본적으로 도로, 마차로, 증기기관차로, 운하와 같은 모든 교통수단의 본질적 원칙들을 결정하는 것으로 구성되며, 이는 체계적이고 훨씬 큰 범위로서 다루어져야 한다.
2. 도로망은 초기에는 주요 간선만을 포함해야 하며, 이때 기존 도로는 최대한 고려해야 한다. 아울러 지역 상황에 따라 결정되는 몇몇 지선들을 정해야 한다.
3. 도심 내 여러 지역의 그룹화는 주어진 상황과 기타 특징들에 대한 고려, 적절한 장소 선정을 통해 수행되어야 하며, 공업시설에 관해서는 위생적 규정 이외에는 제약을 받지 않아야 한다.

이는 종류를 불문하고 기존의 모든 격자 체계에 대한 간명한 거부 서한이며, 더 나은 방향으로 나아가는 결정적인 첫 걸음이다. 그러나 아직 현실에서는 이러한 인식의 성과를 어디에서도 찾아볼 수 없다. 무엇보다 이러한 훌륭한 결정 후에도 불쾌한 무미건조함의 특성이 마치 저주처럼 모든 토지구획 사업들을 압박하고 있다. 베를린 총회의 세 가지 결의는 마치 현대예술과 미학 비평처럼 오로지 부정적인 규정과 제한사항만을 포함하고 가능한 한 기존의 도로를 고려해야 한다는 정도의 긍정적 실마리만 주어질 뿐이기에, 이는 당연할 수밖에 없다. 사실상 규격화된 도시설계를 최소한으로 제한하려는 의도는 지금까지의 개발계획 수립을 통제해온 요소들에 대한 불신을 드러내는 것에 불과하다. 이 불행한 통제 속에서 가능한 한 많은 것을 가져와야 하며 이것이 결의의 기본 지향점이다. 이렇게 보더라도 이 결의는 정부 건설국의 방식으로는 좋은 도시설계가 불가능하다는 것을 밝혀낸 점에서 의미가 있다. 그것은 기념비적인 교회건축이나 역사적 회화 또는 교향곡이 행정기관에 의해 설계되거나 그려지거나 또는 작곡될 수 없다는 사실과 마찬가지로 옳다. 예술작품은 위원회나 관청에서 여러 사람들이 함께 일하는 가운데 만들어지는 것이 아니라 한 사람에 의해 만들어지며, 예술적으로 효과적인 도시설계 또한 단지 행정적인 업무가 아닌 예술작품이다. 모든 문제의 핵심이 여기에 있다. 건설국의 모든 구성원이 자신의 능력과 지식, 수많은 여행과 기타 연구, 더불어 타고난 예술적 감각과 유연한 상상력으로 훌륭한 도시설계를 수립할 수 있을 것이라고 가정한다면, 그래서 모두가 함께 일한다면 결국 서류에 쌓인 먼지처럼 메마르고 현학적인 결과물 외엔 아무것도 얻지 못할 것이다. 건설국장은 혼자 그 일을 할 시간이 없으며, 회의 보고, 위원회, 행정 등에 시달리고 있다. 반면에 하위 관리는 감히 자신의 생각을 가질 수 없고, 정부 규정을 준수해야 하며, 그가 작성한 도면은 항상 이를 반영해야 한다. 그가 더 잘할 수 없기 때문이 아니다! 그 도면에는 개인적인 야망, 예술적 감수성을 가진 개성, 세상에 홀로 맞서야 하는 일에 대한 열정이 개입될 가망이 전혀 없기 때문이다. 따라서 앞서 언급한 집단적 결의가, 경쟁공모나 예술적 역량의 도움 없이 건설국의 지시에 따라 이루어지는 도시계획이 목적에 부합하지 못하는 잘못된 선례라고 단순히 말하는 것에서 끝나지 않으려면, 이 문제가 미래에 어떻게 다루어져야 하는지 그리고 어떠한 원칙에 따라 앞으로 나아가야 하는지 보여주어야 한다. 하지만 이는 어디에도 언급되지 않았고, 모든 것은 예전에도 이렇게 훌륭한 결과물을 만들어냈던 우연이라는 요소에 맡겨지고 있다.

오늘날에도 예전처럼 우연이 아름다운 것을 만들어낼 것이라는 가설에는 큰 오류가 있다. 옛 도시의 아름다운 광장과 도시시설 전체가 토지구획 계획이나 경쟁공모처럼 외부적으로 눈에 띄는 노력하나 없이 점진적으로 발전할 수 있었던 것은 단순한 우연이거나 건축주 개인의 변덕 탓이 아니다. 이 발전은 각 시대마다 모두가 무의식적으로 따르던 예술적 전통에 의한 것이었다. 이는 너무나 명확해서 결국 모든 측면에서 최선으로 판명되었다. 고대 로마인들은 카스트룸 Castrum, 고대 로마의 군대 진영으로 추후 식민지의 요새 및 도시화의 기틀이 됨 을 짤 때 어떻게 해야 하는지 매우 정확히 알고 있었으며, 전통적인 방법 이외에 다른 방식으로 구성하려는 생각을 해본 적이 전혀 없었다. 전통적인 카스트룸의 형태는 안락함과 아름다움의 측면에서 필요한 모든 것을 충족했다. 그것이 나중에 도시시설로 발전해나가는 단계가 되었을 때 포룸이 형성되었고 그곳에 사원, 공공건물 및 동상이 세워져야 한다는 것은 당연했다. 모든 사람들은 이 모든 것을 어떻게 배치하고 세부적으로 실행해야 하는지 알고 있었다. 왜냐하면 지역적인 조건에 대응할 수 있는 전형적인 방식은 오직 하나뿐이었기 때문이다. 따라서 그것은 단순한 우연이 아닌, 분명한 계획 속에서 도시를 배치하고 올바르게 나아갈 수 있는 시민들의 마음속에 살아 숨 쉬는 위대한 예술 전통이었다. 중세와 르네상스 시대에도 마찬가지였다.

그런데 소위 우연이라 할 만한 것은 오늘날 어떻게 이루어질까? 도시구역의 지도도 없고 규정도 없다면 모든 건축주들은 건물을 제각각 다르게 지을 것이다. 견고한 예술의 전통이 더 이상 사람들 속에 살아 있지 않을 것이며, 결과적으로 서투르고 뒤엉킨 혼란을 낳을 것이다. 예술적으로 가장 부적합한 건물들, 다시 말해 건물블록과 마찬가지로 연결 없이 여기저기에 지어진 개별 건물들이 도시를 채워나가며 교회와 기념비들은 도처에서 광장의 중앙을 차지할 것이다. 이는 아마도 오늘날 사람들이 너무도 당연히 옳다고 생각하며, 다른 방식은 불가능하다고 여기는 유일한 방식일 듯하다.

R. 바우마이스터의 도시확장에 관한 작업•들은 이에 대한 충분한 증거를 제공한다. 베를린을 위한 제안 편에서 그가 확고한 입장으로 현재의 도시설계 체계에 엄청난 비판을 가했음에도, 현시대의 광장 배치 방식은 특유의 나쁜 형태에서 머리카락 한 올만큼도 벗어나지 못하고 있다. 현시대 교회건축의 일반적 배치 그림96 에 따르면 교회는 대부분 광장의 중심에 위치한다. 그 아래의 그림 그림97-100 에 묘사된 광장 형태에는 과거의 예술적 사고는 전혀 담겨 있지 않으며, 최근 도시설계의 모든 실수를 예시화하고 있다. 도로의 교차 지점은 교통혼잡, 건물을 효과적으로 보여주는 것의 불가능성, 기념비의 부적절한 배치, 광장을 닫힌 전체로서 예술적으로 조형하는 가능성의 상실과 같은 불쾌한 결과를 총체적으로 야기한다. 아

• R. 바우마이스터가 1876년에 출간한 저서 『기술, 건설정책, 경제 측면에서의 도시확장 *Stadterweiterungen in technischer, baupolizeilicher und wirthschaftlicher Beziehung*』은 베를린에 대한 여러 제안들을 포함하고 있다. – 옮긴이 주

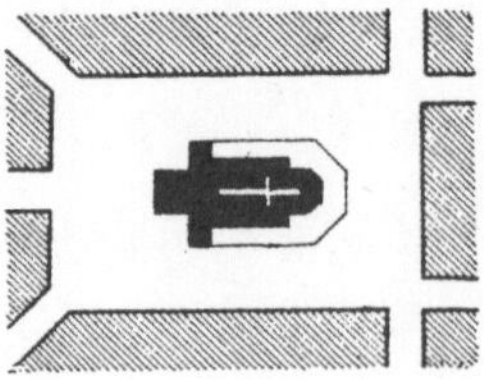

직 제안 가능한 것은 도로가 광장을 통해 더 많이 단절되는 것 그리고 건물의 후퇴에 관한 무제한의 자유를 인정하는 것뿐이다. 이러한 어설픈 조언은 논쟁할 가치가 없다. 모든 면에서 과거의 선례와 이론적으로 전개된 모든 예술적 요구와 모순되는 바로 이러한 원칙, 바로 이러한 절차가 유행이 된 것은 우리의 불행이다.

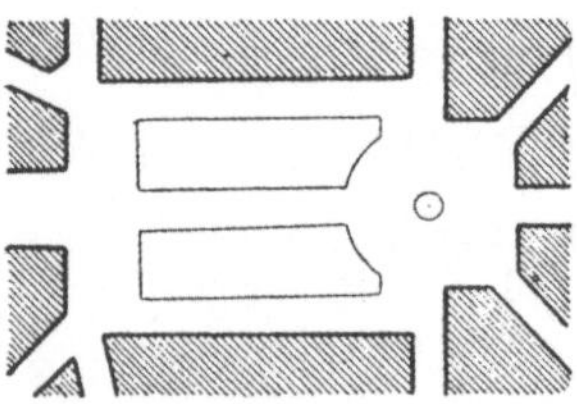

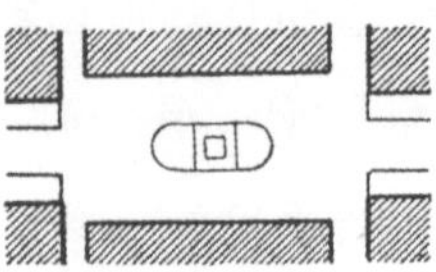

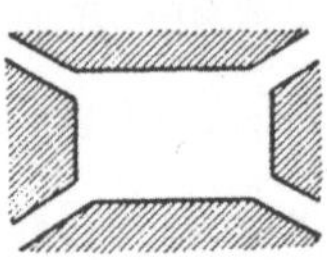

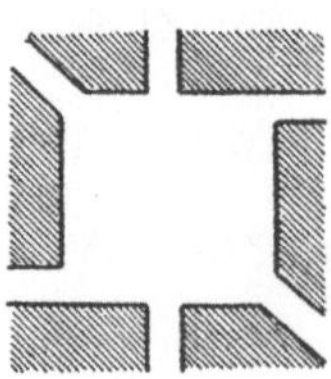

아니다, 도시설계의 문제를 우연에 맡겨서는 최악의 상황을 막을 수 없다. 무슨 일이 있더라도 예술적 요구가 긍정적으로 표현되어야 한다. 오늘날 이러한 예술의 문제가 더 이상 존재하지 않는 곳에서는 일반적 감정을 신뢰할 수 없기 때문이다. 과거의 작업을 연구하고 잃어버린 예술적 전통의 기반을 이론적 지식으로 옮기는 것이 절대적으로 필요하다. 우리는 이러한 효과적인 요인들을 도시설계의 긍정적인 규범으로서 제시해야만 하며, 그래야만 실제로 앞으로 나아갈 수 있다.

이것이 선행된 후에, 전체 분석의 결과로서 몇몇 규칙들을 정하는 마무리를 할 수 있

그림96 R. 바우마이스터에 따른 교회건축의 일반적 배치

그림97-100 R. 바우마이스터에 따른 광장 배치

을 것이다.

처음부터 존재하는 한 가지 분명한 규칙이 있다. 예술적 관점에서 도시의 새로운 지역이 어떻게 될 것이며 그곳의 공공건물과 광장이 어떤 모습으로 그려질 것인지에 대한 전망을 설계하지 않으면, 이에 대한 세분화된 계획을 다룰 수 없다는 것이다. 적어도 그 가능성을 가정할 필요가 있는데, 한 지역이 어떤 건물과 광장으로 구성되고 어떤 목적을 제공해야 하는지에 대한 개념조차 없다면 지형 및 기타 조건과 환경에 적응하는 방식으로 모든 것을 분배하는 어떤 과제도 수행할 수 없기 때문이다. 마치 건축주가 건축가에게 어떤 건축부지를 보여준 후 이렇게 말하는 것과 같다. "약 십만 명의 조합원을 위한 건물을 지어주시죠." "임대주택 말씀이신가요?" "아니요." "그러면 고급주택?" "아니요!" "그러면 공장과 같은?" "아니요." 등과 같은. 이는 전혀 말이 안 되고, 심지어 일어날 수조차 없는 미친 짓이다. 아무런 의도 없이 무언가를 짓는 사람은 없으며 어떤 구체적인 의도나 용도 없이 건축업자에게 의뢰하지 않기 때문이다.

도시설계에 관해서만은 특정한 용도 없이 개발 계획을 세우는 것이 미친 행위로 보이지 않는다. 새로운 해당 지구가 어떻게 발전할지 모르기 때문에 논리에 어긋나지 않는다. 이렇게 용도가 없는 상태에 대한 적절한 표현이 건축 블록 라스트룸 Rastrum, 음악 악보를 표기하는 도구로서 본 맥락에서는 격자 체계를 만드는 것에 대한 비유 이다. 그러니 다음과 같이 건조하게 말할 수 있는 것이다. "우리는 아름답고 목적에 부합하는 일들을 할 수 있다. 하지만 무엇도 알지 못하므로 세부사항이 없는 질문에 대한 탐구를 겸허히 거부하고 평방미터 단위로 팔 수 있는 면적 범위에 대한 단순한 개요만 넘겨주면 된다"라고.

고대인의 이상과 이 얼마나 거리가 먼가! 그럼에도 이것은 풍자화가 아니라 현실에 대한 충실한 묘사일 뿐이다. 빈에서는 이러한 격자형 건물블록으로 구획될 열 번째 구역이 정해졌고, 이 역시 실패했다. 현재 도나우강가의 신도시에 대해서도 유사한 격자 체계가 문서상으로 진행 중인데, 아마 이보다 더 초라하고 어설플 수는 없을 것이다.

용도 없는 상태가 이러한 내용 없는 구조의 원인 중 하나라는 가설은 최대 규모의 토지구획인 북미의 주 분할에도 부합한다. 북미대륙의 광활한 땅 전체가 위도와 경도에 따라 동일한 블록 체계로 직선 분할되었다. 아직 알려지지 않았던 이 땅은 미래의 발전을 미리 알 수 없고, 과거와 역사도 존재하지 않으며, 인류 문화에 있어 어떤 의미도 가지지 못한 그저 너무나 넓은 평방미터의 땅인 것이다. 미국, 호주 및 기타 지역의 문명 초기에 있어 블록 격자 체계는 당분간 충분히 사용될 것이다. 사람들이 도시확장을 위해 고군분투하고, 오로지 돈을 벌기 위해서 살고 오로지 살기 위해서 돈을 버는 곳에서는, 깡통에 든 청어처럼 사람들을 건물블록으로 포장하는 것만으로도 충분할 것이다.

따라서 필수 전제조건은 실질적인 용도이다. 이에 대한 예비연구는 건설국과 위원회의 방식으로 수행할 수 있을 것이다. 다음과 같이 구성되어야 한다.

A. 계획 구역의 향후 50년 이내 인구 증가 가능성을 규정해야 한다. 더불어 예상되는 교통량과 정착민들의 유형에 대한 예비 조사

를 통해 해당 지역에 임대주택 또는 고급주택 또는 상업시설 또는 제조시설 등의 한 가지 유형이 우선적인지, 아니면 여러 유형이 혼합되는지를 밝혀야 하며, 지정된 시설들의 전망을 분명히 해야 한다. 이를 미리 근사치로 계산하는 것조차 안 된다는 반론은 의미 있는 노력과 책임을 회피하기 위한 단순한 핑계로밖에 보이지 않는다. 도시의 역사를 살펴보고 무역과 상업의 발전과 기타 모든 통계 자료를 주의 깊게 검토하며 지역의 주어진 조건을 숙고하는 사람이라면 누구라도 일련의 다양한 경험을 어느 정도 확실하게 미래로 확장할 수 있는 충분한 실마리를 가지고 있으며, 이것이 필요한 전부다. 물론 명확한 예상을 세울 용기가 없다면, 임대주택 지역은 제멋대로 뻗어나가게 될 것이다. 일반적으로 이러한 경우 대부분 지루하고 개성 없는 형식이 부득이하게 모든 것(작업장, 노동자주거, 점포, 성 등)을 수용할 수 있기 때문이다. 임대주택 블록은 모든 것을 수용할 수 있다. 하지만 간신히 그럴 수 있을 뿐 특정한 요구사항을 완전히 충족시키지는 못한다. 어찌되었든 임대 블록을 거의 완전하게 흡수하는 이러한 현대 도시에 대해 우리는 단호하게 반대할 용기가 필요하다. 그렇지 않으면 망설임과 의혹의 징후들이 자연스레 모든 곳에서 나타나게 될 것이다. 베링 내 별장단지와 같은 고급 주거지의 경우 이미 반복적으로 이러한 반대가 이루어졌으며, 이는 개성과 특징 있는 시설이 지어져야 하는 모든 곳에서 필수 불가결하다. 현재 도나우슈타트 Donaustadt, 빈 동쪽에 위치한 22구역 에서는 초기 건설 단계에 있는 황량한 임대주택 블록의 불쾌한 개발을 핵심적으로 살펴볼 수 있다. 언젠가는 빈의 백미가 될 뛰어난 이 장소의 모든 것을 처음부터 망칠 필요는 없을 것이다. 도시에서 가장 사랑스럽고 활기찬 지역인 도나우강가 도처에서 전염병이 퍼지고 있는 것을 생각해보자. 우리는 상업과 교통이 현재와 같은 상태로 무한정 유지될 수 없다는 점과 조만간 철문 Elsernes Tor, 루마니아와 세르비아 사이에 위치한 도나우강의 협곡 과 도나우강의 규제는 기정사실이 될 것이라는 점 그리고 오랫동안 그대로였던 도나우강가의 교통량은 지리적 조건으로 인해 결국 크게 증가하게 될 것이라는 점을 상기해야 한다. 그렇다면 그동안 차곡차곡 쌓인 잡동사니 같은 집들을 전부 부셔버려야 하는가? 다행스럽게도 아직 도면으로만 존재하는 도로망이 막대한 비용을 들여 지어질 무의미한 사각형 체계에 따라 변경되어야 하는가? 누가 이에 대한 책임을 지고 싶을까? 또는 빈의 미래 개발 계획을 애당초 포기해야 한다고 생각하는 이가 있는가? 10구역을 본떠서 이미 착공이 시작된 임대주택의 건설 취소를 단 하루도 늦추면 안 된다. 그대로 두면 탁 트인 전망과 산을 배경으로 하는 강가에 위치한 이 훌륭한 장소는 어느 좋은 날, 누구도 원치 않아도, 더 이상 옳은 것들은 만들 수 없는 무미건조한 막사구역으로 채워질 것이다.

이러한 예가 용도 없이도 도시가 작동할 수 있는 믿음이 전혀 사실이 아님을 보여줄 수 있길 바란다. 공공의 이익을 위해서도 용도는 설정되어야 한다. 그렇지 않으면 최악의 변종들이 저절로 생겨날 것이기 때문이다.•

B. 초기에 필수적인 이러한 조사를 기반으로 필요한 공공건물들의 개수, 규모 그리고 부대시설을 예상해서 승인해야 한다. 이 모든 것은 관련

• 여기에 제시된 사례에서는 얼마나 많은 비용이 들건 구시가지와 건축적으로 끊어지지 않게 연결하려는 시도를 해야 한다. 그리고 도나우강가의 교통량이 크게 증가한 후 길게 뻗은 개발부지 내에는 적절한 상업지역을, 상류에는 고급 주거지를, 하류에는 공장부지를 조성해야 한다. 이 모든 것이 불가능하다면 차라리 아무 일도 일어나지 않는 편이 낫기 때문에, 그 무엇도 진행될 필요가 없다.

통계자료를 수집함으로써 충분히 사전에 결정할 수 있다. 자료는 확보하기 쉬우며 매우 잘 정리되어 있는데, 교회, 학교, 관청, 시장홀, 공원 그리고 심지어 극장의 수와 규모 같은 것들은 모두 인구와 연관이 있기 때문이다.

이것이 결정되는 즉시 다양한 건물들을 서로 적절하게 연결시키는 최선의 그룹화와 장소 지정이 이루어져야 한다. 더불어 도시계획의 실제 구성이 시작되고, 관련된 설계공모가 무조건적으로 공고되어야 한다. 지금까지 언급한 예비조사의 데이터 이외에도 기존의 모든 도로와 바람의 방향, 중요한 수위에 관한 세부지표 그리고 지역적으로 중요할 수 있는 기타 정보를 포함한 지형에 대한 정확한 기록이 공모전 내용에 첨부되어야 한다.

프로젝트의 기획자는 먼저 필요한 공공건물, 정원 등이 서로 적절하게 연결되도록 가장 적합한 장소에 위치시키는 작업을 수행해야 한다. 예를 들어 공공정원이 여러 개라면 가능한 한 동일 간격이 유지되게 한다. 정원의 커다란 면적이 (앞서 논의한 대로) 도로 방향으로 열리지 않고 집들로 둘러싸이도록 배치하며, 어떠한 경우에도 동일한 형태를 띠지 않는 두 곳 이상의 정문을 통해 출입할 수 있게 한다. 이런 식으로 정원은 가능한 한 보호되며 블록 체계의 지배에 대항해 훌륭한 보호 역할을 하는 끊어지지 않고 길게 이어지는 건물의 연속된 면이 생길 것이다.

정원을 분산시키는 것과 반대로 교회, 목사관, 초등학교 등의 공공건물은 적절한 방식으로 통합해야 하며, 이러한 건물들을 기념비, 분수대와 연계하여 더 크고 효과적인 광장을 만들어야 한다. 다수의 광장이 있을 경우, 마찬가지로 서로 멀리 흩어져 있지 않고 하나의 광장군으로 통합되는 것이 좋다. 각 광장의 성격은 주변 상황 속에서 그 규모와 형태에 따라 명확하게 정의되어야 하며, 이때 제대로 된 도로 유입과 광장의 닫힌 형태를 볼 수 있어야 한다. 원근 효과와 자연경관을 이용하는 것도 고려해야 한다. 효과적이라고 알려진 바로크 양식의 말발굽 형태, 옛 중정과 같은 방식의 전면 광장 체계, 이와 유사한 것들을 활용하는 것도 좋다. 교회와 기념비적 건축물은 당연히 독립적으로 배치될 것이 아니라 광장의 벽 역할을 하도록 가장자리에 맞닿아 지어져야 한다. 이를 통해 미래에 분수나 기념비가 세워지기 적합한 가장자리를 가진 광장들이 자연스럽게 생겨날 것이다. 평탄하지 않은 지형, 기존의 수로나 길은 무미건조한 정사각형 광장의 형성을 위해 강제로 제거되어서는 안 되며, 단절된 도로 및 그 외 불규칙한 상황들의 적절한 원인으로서 유지되어야 한다. 오늘날 많은 비용을 들여 제거하려드는 이러한 불규칙성들이야말로 도시에 진정으로 필요한 요소이다. 불규칙성이 없다면 도시의 아름다움을 실현할 수 있을지언정 전체적으로는 어느 정도의 경직성이 남을 수밖에 없다. 이외에도 불규칙성은 미로와 같은 거리에서 쉽게 방향을 잡을 수 있도록 해준다. 위생적인 면에서도 기꺼이 추천할 수 있는데, 구도심의 굴곡지거나 꺾인 도로는 바람을 정체시키고 바람의 방향을 바꾸는 데 영향을 줘서 강풍은 오직 지붕만을 휩쓸고 지나갈 뿐이다. 이에 반해 규칙적인 도시구역에서 강풍은 가장 성가시고 건강에 해로운 방식으로 직선의 거리를 돌진한다. 신도심과 구도심이 나란히 있는 지역에서는 이를 충분히 관찰할 수 있으며, 그중에서도 빈은 아마도 바람의 축복을 가장 많이 받은 도시일 것이다. 돌풍이 불어도 구도심에서는 방해받지 않고 지나갈 수 있는 반면, 도로가 사방에서 유입되며 바람이 사방에서 불어오는 (빈의 새로운 시청광장과 같은) 열린 광장에서는 여름에는 먼지기둥, 겨울에는 눈보라의 형태를 띤 회오리바람을 거의 일 년 내내 관찰할 수 있다. 이것 또한 현대 도시설계의 칭찬할 만한 성과이다. 실제로는 현대 도시설계를 비판하는 반어법적 표현

바람의 순환에 특히 영향을 미치는 것이 지붕들 사이로 높게 돌출된 건물이다. 즉 바람은 고딕 양식 대성당의 거대하고 가파른 지붕에 꺾여 아래쪽 깊은 곳으로 파고든다. 따라서 대성당의 좁은 주변부에서는 바람이 안 느껴지는 경우가 거의 없다. 다음은 빈의 슈테판대성당에 대해 오래전부터 전해지는 유쾌한 격언이다.

> "빈에서 슈테판대성당의 외부는 회색이고 내부는 어둡다. 이것을 보았는가?
> 뒤로 물러선 저쪽에서 바람이 그것을 볼 수 있도록 허락할 것이다."

교회 건물의 주보랑을 자주 부는 바람의 방향에 대치되도록 배치하는 것은 유리한 점이 있다. 이 경우 경사진 성당부의 그림자와 우뚝 솟은 탑의 실루엣이 전체적으로 비스듬하게 상승하는 면을 만들어내서 기류를 아래보다 위로 밀어올리고, 뒤집은 배의 용골 배의 앞뒤를 가로지르는 중심 부재 과 같은 장방형의 중량이 기류를 차단할 것이기 때문이다.

비트루비우스는 당시에 이미 거리의 방향을 선택할 때 동서남북 영역과 더불어 일반적인 기류를 모두 자세히 관찰해야 한다고 상세히 서술했다. 너무도 현명한 현시대의 도시설계는 이에 대해 완전히 잊어버렸다. 마치 생각할 수 있는 모든 것을 가능한 한 어설프게

처리할 특별한 권한이 있는 것처럼 보인다.

여기에서 간략하게 언급된 모든 조건을 고려하여 작성한 도시설계의 초기 스케치는 개별 건물 그룹, 몇몇 대규모의 정원단지, 끊기지 않고 늘어선 주택들, 특정한 형태와 규모를 가진 중앙광장을 보여준다. 제일 먼저 주요 연결도로가 다른 모든 조건을 고려해 설정되어야 하며, 이는 건축가·엔지니어협회의 베를린총회가 출발점으로 고려한 지점에 마침내 도달하게 할 것이다.

그러나 작업은 절반만 완료되었다고도 할 수 있다. 주어진 주제들 사이를 채우기 위해 노력해야 할 일들이 존재하며, 언급한 대로 아무것도 안 한다면 도시설계는 항상 블록 체계가 되기 쉽기 때문이다. 여기서도 제대로 시작된 새로운 계획들이 저절로 퇴보하지 않도록 단호한 결정들이 필수적이다. 개발 과정에서 지속적인 예술적 측면의 감독, 반복적인 경쟁공모나 또 다른 방식을 통해 예술적인 영향력을 꾸준하게 미치는 것이 필요하다. 대도시 확장계획에서 개별 광장에 대한 모든 경쟁공모는 그 광장에 위치할 공공건물의 경쟁공모와 결합되는 것이 유리하다. 이를 통해 광장과 건물이 하나의 틀에 부어 만들어낸 것처럼 가장 효과적인 조화를 이루게 된다면 아마도 최선이 아닐까 한다. 경쟁공모에 참여하는 건축가가 최근 대부분의 경우 그러하듯 특정 건물블록에 얽매이지 않고 자유롭게 움직일 수 있다면 건물 자체도 다양성과 생명력을 얻을 수 있을 것이다. 이에 반해 블록 체계 하에서는 우리의 가장 웅장한 기념비적 건물조차도 가위눌림을 당하고 있다. 바로크 양식의 거장들을 통해 그토록 풍부한 모티브를 보여주었던 공간 분할은 이 불행한 토지구획 체계의 독점 아래에서 가장 기본적인 하나의 형태로 축소되고 말았다. 이는 바로 모든 형태 중 가장 지루한 육면체이다.

광장 구성의 자유로움만이 전체적인 건축 형태에 생명과 감동을 불어넣을 수 있으며, 성공적으로 시작한 도시확장이 불행하게 끝나지 않기 위해서는 세부적으로 고민해야 것들이 여전히 많다. 도시계획은 쉽지 않은 위대한 작업이다. 유명한 옛 도시의 역사에서 볼 수 있듯, 거대한 지적 자본이 투자된 곳은 현재에도 찬란한 효과를 발휘하며 지속적인 이자를 받고 있다. 자세히 들여다보면 물질적 세계에서와 마찬가지로 이자의 양은 투자한 지적 자본의 크기에 비례하며, 높은 이자를 얻으려면 숙련된 투자로 마무리하는 것이 중요하다는 것을 알게 된다. 현시대의 블록, 격자 체계에 투자된 지적 자본의 양은 참으로 부끄러운 수준이다. 블록의 크기와 도로의 폭은 대부분 어떤 회의의 결정을 통해 이미 확정되어 있다. 그러나 그 후에 세부적인 도면의 작성을 중요하게 여기지 않는다면, 말단 필사자나 사무보조가 새로운 도시구역의 토지구획 계획을 완료할 수도 있다. 이때 예술적 계획의 가치는 0이므로 이후의 효과도 0이고, 그 결과 이 도시 거주자의 행복지수는 0이며 궁극적으로 도시에 대한 애착, 자부심, 한마디로 고향에 대한 감정이 0이다. 실제로 예술적이지 않고 지루하기만 한 신도시의 거주자들에게서 이를 관찰할 수 있다. 이러한 관점에서 보면 예술적인 도시설계의 중요성은 물질 지향적인 우리 시대에 가장 쉽게 이해될 수 있을 것이다. 예술의 국가경제적 중요성에 대해서는 이미 많은 글이 쓰였으며 현재 일반적으로 그 중요성이 인정되고 있다. 이는 의미심장한데, 그 자체가 목적인 예술의 순수하고 이상적인 의미, 아마도 문화적 노력과 인간 활동의 더 높은 목적으로서의 예술에 대한 노력은 일반적으로 전혀 인정되지 않기 때문이다. 그러나 예술은 사회적, 경제적 가치를 내재하고 있기 때문에, 냉정한 도시 경제학자라도 작은 금액이나마 투자하는 것이 고향에 대한 감정, 애향심을 고취시키고 관광업을 촉진하는 데 결국은 나쁘지 않다는 것을 알 수 있다.

도시설계에 대한 질문은 어떤 면에서 보더라도 최근 들어 너무 가벼이 다루어져왔다고 결론짓게 된다. 오늘날 더 많은 정신적 힘이 필요해졌고, 특히 소홀한 예술적 측면을 위해 다시금 무언가를 해야 한다. 실질적인 성공을 거두기 위해서는 더 큰 에너지와 끈기를 가지고 나아가야 한다. 이는 예술적 도시설계의 부활이라는 의미에서 현재 만연한 방식을 완전히 거부하는 것, 현재의 모든 관습적 규범을 반대 방향으로 바꾸는 것에 관한 문제이기 때문이다.

지금까지 개별적으로 제시되었던 갈등의 순간들을 요약하기 위해, 무엇보다도 모든 건축적 효과의 기반이자 공간적 지각의 바탕이 되는 '보는 행위'를 상기할 필요가 있다. 눈은 항상 시각적 피라미드의 중심에 있고 바라보는 대상은 주위에 원형으로 놓이거나 또는 관찰자를 향해 오목한 배치로 다가온다. 이것은 바로크 거장들이 의도적으로 사용한 원근법의 기본 원칙이며 자연스럽게 가장 강력한 효과를 이룰 수 있는 방식이다. 현시대의 블록 체계는 이와 정반대의 효과를 제공한다.

요컨대 예술적 측면에서는 '오목함'이 필요하며, 건축부지 활용 면에서는 '볼록함'이 요구된다. 더는 명백할 수 없는 대립이다. 그러나 좋은 도시설계는 어느 한쪽이나 다른 쪽을 배타적으로 강조하지 않고, 각각의 개별적인 상황에 따라 전체적인 효과를 최대화하는 방식으로 양극단을 능숙하게 연결시켜 경제적인 동시에 예술적인 성공의 총합이 최대가 되도록 한다.

이러한 조정을 실행하기 위해 통상적으로 활용 가능한 방법은 이미 언급했다. 즉 주요 광장과 거리에서는 예술을 장려하는 데 우선순위를 두고, 경제적 효과를 위해 나머지 부분은 최대한 경제적인 부지 활용 방식에 넘겨줄 수 있을 것이다. 그러나 규칙적인 토지계획은 예술적 요구와 정반대에 있음에도 여전히 서로 조화를 이룰 수 있다. 이를 위해 다음의 계획 스케치를 논해볼 필요가 있다. 거의 유사한 아래의 그림들은 바로크 양식에 따른 교회건물의 배치를 나타낸 것이다. 그림101, 102 교회 a가 세워져 기념비 또는 분수에 적합한 장소 g, h가 있는 세 면이 닫힌 형태의 교회 광장을 만들고 교회 맞은편에 다소 넓

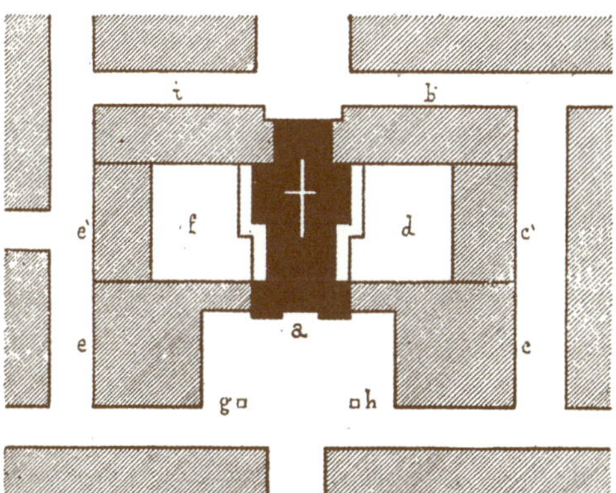

그림101 바로크 양식에 따른 교회건축 배치

그림102 빈의 피아리스텐교회와 광장

은 폭의 도로가 유입된다. 증축은 다음과 같다. 목사관 b는 사무실과 더불어 제의실과 직접적인 연결이 되어야 한다. 악천후의 경우 남학교 c의 아이들은 교회에 직접 건너갈 수 있어야 한다. 큰 중정 d는 운동장으로 사용될 수 있으며 높은 벽을 통해 교회와 분리되어 있다. 반대쪽의 e와 f는 유치원이 딸린 여학교로 사용될 수 있다. 나머지 세 구획 c', e', i는 임대주택이나 필요한 경우 학교시설로도 활용할 수 있다. 두 개의 중정 d, f에는 정원 벽을 따라 담쟁이덩굴, 나무 및 관목 등을 심을 수 있으며, 교회 파사드 맞은편의 작은 광장이나 너무 길지 않은 가로수길에 나무를 심을 수도 있다. 본 스케치에는 교외의 유형으로 적절하게끔 의도적으로 가능한 한 소박한 사례가 주어졌다. 고요하며 닫힌 형태를 띤 교회 광장의 아름다움, 교회 건축비용의 상당한 절감 효과 그리고 학교 및 목사관까지의 편리한 접근성은 명확하다. 유사한 배치는 교회, 제의실, 학교, 분수, 마리아상 또는 적절한 수목 그리고 도로와의 연결성을 가진 작은 기념비와 같은 것들이 축적된 모든 작은 마을 교회에서 이루어질 수 있으며, 더 많은 영향력을 가진 하나의 완전한 광장으로 통합될 수 있다.

더 큰 도시 지역에는 늘 분수가 있는 시장광장과 면한 더 큰 시청사가 필요하며, 이 건물은 저축은행, 전당포, 시립박물관, 시장회관, 창고 등과 같은 다른 건물들과 연계되어야 한다. 이때 발생하는 하나의 거대한 건물은 다수의 작은 건물들로 분할되어야 한다. 일반적인 블록 체계에서는 이를 위해 더 크고 정사각형에 가까운 공간이 결정된다. 처음부터 이러한 불리한 전제 하에 건축가는 내부에 다수의 중정을 배치할 수밖에 없고, 이에 따라 외부에서 보면 거의 같은 높이의 유사한 파사드가 있는 정육면체 형태의 블록이 드러난다. 파사드를 하나하나 차례대로 보기 위해서는 모퉁이를 따라 오래 걸어야 하기 때문에, 최소한의 비용으로 최대의 효과를 얻을 수 없게 된다. 만약 건축가가 계획을 세울 때 광장과 그 주변 환경을 설계할 수 있다면, 이 문제를 처음부터 완전히 다르게 다룰 수 있다. 필요에 따라 크고 작은 다양한 건물을 계획할 수 있으며, 오목한 원근법에 따라 이러한 건물들을 결집시켜 황량하고 메마른 내부 중정 대신 효과적인 공공광장을 생성시킬 수 있다. 각기 다른 상황에 따라 그 조합은 매번 달라질 것이며, 더 많은 자유를 허용할수록 더 픽처레스크한 조합을 만드는 목표를 이루게 될 것이다. 의도적으로 규칙적인 토지구획에서 거의 벗어나지 않고자 한다면, 아래의 그림 그림103 이 단순화된 배치 사례로 제시될 수 있다. 이에 따르면 A는 세 면이 폐쇄된 광장 I을 배경으로 편리한 진입 경사로가 있는 본관이며 양쪽에 2개의 기념비, 깃대 또는 대형 가스등이 있다. B와 C는 아치형 통로 a와 b를 통하여 본관과 연결되는 별채이다. 이렇게 하면 웅장하며 양식적으로 일관된 둘러싸인 형식의 광장이 만들어지고, 세 면이 한눈에 들어오는 기념비적인 정면 파사드의 효과를 최대한 활용할 수 있다. 반면 후면의 파사드들은 작은 광장 II와 III를 지배하고, 더 작은 부광장 IV, V, VI가 각

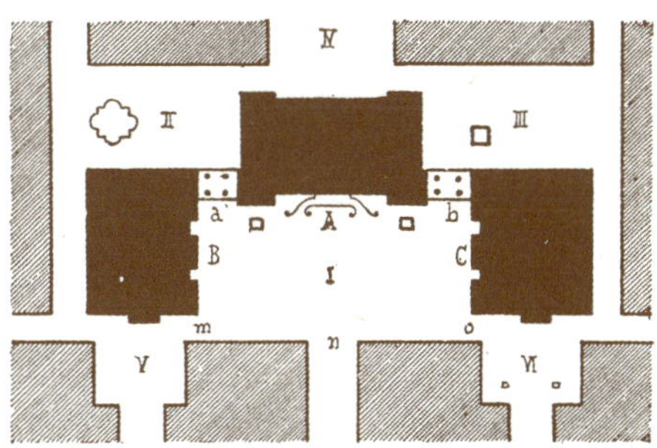

그림103 공공건물 배치 계획안

각 하나의 파사드를 공유한다. 반면 블록 체계를 따르면 훌륭한 기념비적 장치인 이러한 파사드들이 모두 아무도 볼 수 없는 중정에 숨겨지고 만다. 수많은 광장들은 각각의 고유한 특성을 가질 수 있다. 주요 광장 I은 아치형 통로인 a와 b에 연결된 아케이드로 둘러싸여 있는데, 이 아케이드는 II에서 VI로 그리고 III에서 V로 중단 없이 이어지기 때문에 시각적으로 적절한 효과를 가지게 된다. 광장 II와 III는 각각 분수와 기념비를 통해 서로 다른 효과를 줄 수 있다. 더 작은 광장 V와 VI는 관통하는 교통로를 통해 제거된 모서리로 인해 특별한 성격이 부여되며, 전면 테라스가 있는 레스토랑이나 카페 또는 우뚝 솟은 기념비(봉헌 기념주) 설치에 매우 적합하다. 복합 건물의 이러한 열린 형태의 분리 배치는 더 큰 대학, 아카데미 또는 공과대학의 날개형 부속건물에 특히 유리할 것이다. 예를 들어 한편으로는 화학 연구실과 다양한 소장공간들, 다른 한편으로는 해부학 연구소를 두고 본관의 중앙에 위치한 의과 대학의 경우 그룹화의 자유도가 훨씬 높기 때문에 건축가에게 있어 훨씬 더 보람 있는 작업이 될 것이다.

극장의 배치에 있어 또 다른 예가 허용된다. 이러한 구조물은 화재 위험 때문에 독립적으로 배치되어야 한다. 그러나 현시대의 도시설계에서는 대가 끊겨버린 아치형 통로를 적용한다면, 닫힌 광장 벽에 극장 건물을 삽입할 수도 있을 것이다. 이 아치형 통로 위에 (탈출로로 사용될 수 있는) 한 층 또는 두 층의 통로가 지어질 수 있다. 그리고 완전히 내화성 재료로 만들어진다면, 위험성을 차단할 수 있을 뿐만 아니라 석재 패널로 덮인 최상층 테라스는 소방대의 바람직한 진압기지가 될 것이다. 이런 식으로 고대의 원리를 현시대의 조

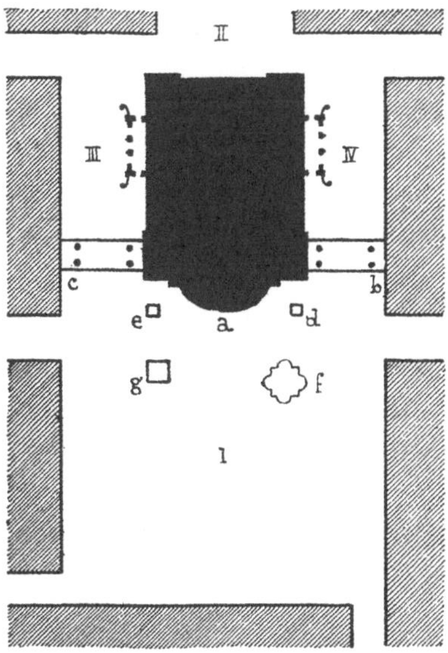

건에 적용하면 옆의 그림 그림104 과 같은 전형적 배치가 된다. 발코니석 a의 돌출된 원형 건축요소는 중앙광장 I로부터 건물이 후퇴하는 듯한 효과를 이끌어내며, 이로 인해 아케이드 b, c가 후퇴하고 그 자리에 가스등 d, e 뿐만 아니라 기념비 g 또는 분수 f가 위치하게 된다. 후면 파사드는 광장 II를 위한 기념비적인 벽으로 적절히 사용될 수 있다. 진입 경사로와 함께 중요한 도로 확장이 이루어진 III 및 IV는 주요 광장 중 하나를 손상시키지 않으면서도 정차 공간으로 적절한 넓은 공간을 제공한다.

이 모든 단순한 유형은 앞서 이야기한 대로 가능한 한 현시대의 토지구획에 가깝게 조정되어, 닫힌 광장의 성격이나 기타 예술적 요구가 사실 너무 큰 준비나 감당할 수 없는 희생을 필요로 하지 않는다는 것을 잘 보여준다. 실제로는 직각 체계가 제공하는 것보다 유리한 도로 배치를 위해 i에 추후 도시시설에 필요한 약간 더 넓은 영역을 남겨두는 것만이 필요하다. 모든 경우에 대해 이를 준비하는 것 또한 그리 어렵지 않을 것이다. 본질적으로 이러한 요구사항은 (그림102-104 에서와 같이) 도로의 유입지점이 광장 모서리에서 교

그림104 극장 배치 계획안

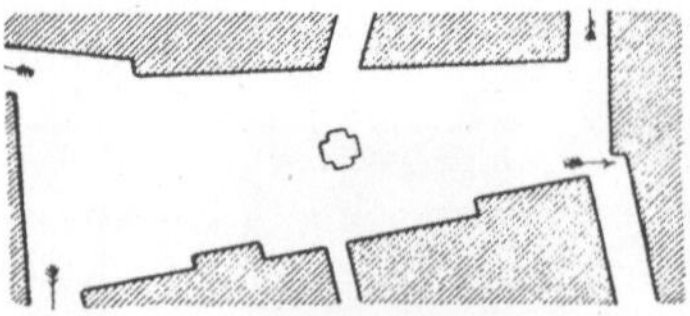

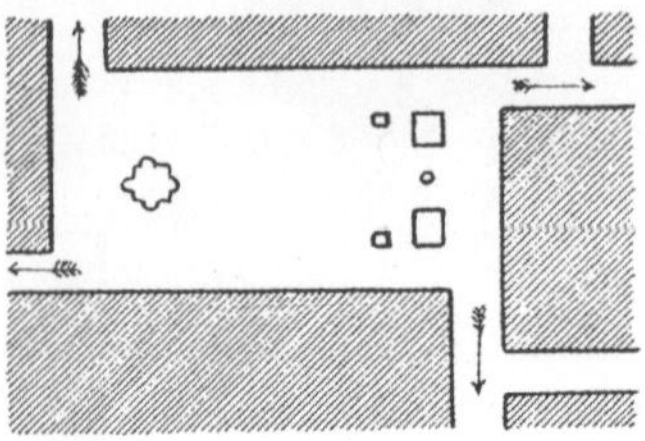

차하지 않고, 빈의 신시장광장 그림105 에서처럼 다양한 방향으로 뻗어나가게 만들기 때문이다. 이 좋은 옛 선례에 따르면 옆의 그림 그림106 의 형식은 기념비 또는 분수의 건립 및 도로유입과 관련해 일반적으로 작은 광장 유형으로서 채택될 수 있다. 아래의 그림 그림107 에서 한눈에 알 수 있는 대로 이 방식에 따라 블록구획까지 이루어질 수 있으며, 직사각형 체계의 이러한 수정은 하나의 도로 유입을 통해 교통량을 분배함으로써 이미 (그림104 에서) 장점이 입증되었다. 그러나 이 토지구획의 세부사항을 도시 전체를 설계하기 위한 불변의 규칙으로 세우는 것보다 더 심하게 어긋나는 일은 없을 것이다. 동일한 토지구획 방식을 끝없이 반복하는 것은 원칙적으로 피해야 한다. 도로 배치에 있어 빈번하게 나타나는 공장식의 모방은 어느 것이던 그 자체로 지루하며 감정적으로 견딜 수 없기 때문이다. 의도적으로 거리 배치에 가능한 한 많은 다양성을 부여해야 하며 앞에서 제시한 블록구획 그림107 의 형식은 추후에 더 중요한 도시광장이 있는 기념비적 건물의

그림105 빈의 신시장광장

그림106 소규모 광장의 한 유형

그림107 수정된 블록구획 체계의 사례

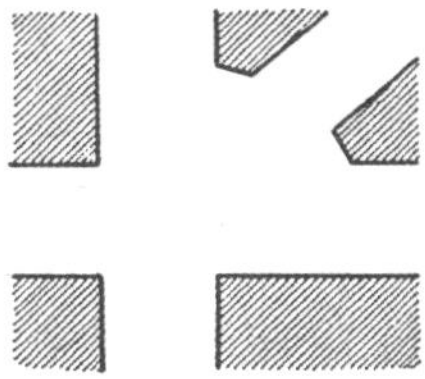

복합체가 세워질 곳에만 사용되어야 한다. 고급주택지구의 자유로운 형식이라도 너무 커지면 지루해진다.

교통의 흐름을 강제로 분산시켜야 하는 경우는 오직 위의 그림 그림108 과 같이 여러 도로가 교차로에서 만나는 장소뿐이다. 어떤 상황에서도 시야와 교통 모두에 나쁜 광장이 되기 때문이다. 현시대의 도시설계에서 가장 선호되는 형식인 토지구획의 부산물로 발생하는 공용 공간은 사라져야 한다. 이러한 자투리 광장을 없애는 방법은 쉽다. 아래의 그림 그림109 에서처럼 이곳을 불규칙한 건물이 지어질 건축부지로 삼으면 된다. 이렇게 함으로써 고대인의 현명한 규칙을 단순히 따를 뿐이다. 눈에 거슬리는 모든 불규칙성을 보이지 않는 곳, 즉 건축부지로 옮기고, 이를 다시 건물 내의 벽으로 밀어 넣으면 불규칙성을 효과적으로 제거할 수 있다.

이러한 문제에 대한 자세한 해결책은 개별 사례마다 다를 것이다. 하나 또는 두 개의 주요 도로가 이곳을 통과하면 그 방향을 유지해야 하며, 오직 보조 도로의 합류지점만 제거하면 된다. 미심쩍은 지점은 또한 여기에 합류하는 도로의 방향을 바꾸거나 굽히거나 막거나 해

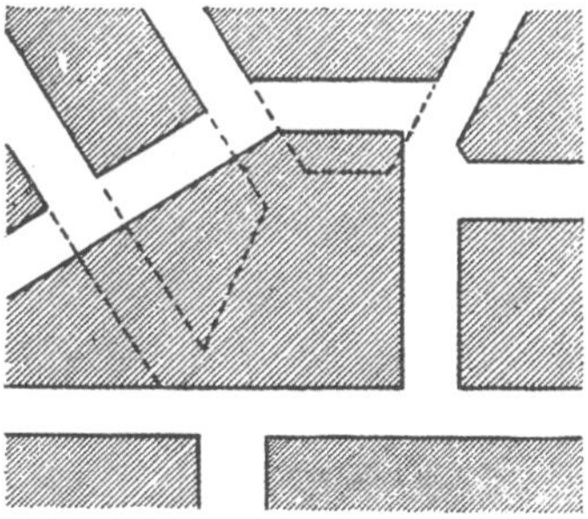

그림108 다수의 도로가 교차하는 장소

그림109 형태가 불규칙한 광장을 건축부지로 변경하는 사례

서 피할 수 있는데, 이는 항상 도로 계획의 불규칙성에 대한 바람직한 동기가 될 것이다. 도면의 개념화에 있어 언제든지 우위를 점할 수 있다고 위협하는 무미건조한 규칙성에 맞서기 위한 모든 수단을 동원해야 한다. 상황에 따라서는 이러한 교차 지점에 연속된 주거건물들로 둘러싸인 공공정원과 같은 시설들을 만드는 것이 좋을 것이다.

지금까지의 연구과정은 현시대의 도시설계에서 관습적이며 기계적인 작도법에 따른 설계는 필수가 아니며, 과거의 모든 업적과 예술적 아름다움을 포기할 필요가 없다는 것을 보여준다. 오늘날의 교통문제나 위생적 필요성이 그런 설계를 강요한다는 것은 사실이 아니다. 관습적인 설계를 강요하는 것은, 오늘날의 도시 거주자들에게 무형식의 집단 거주시설 내에서 정신을 마비시킬 것만 같은 영원토록 똑같은 임대주택 블록과 단조로운 도시 풍경을 평생 동안 바라보고 살아야 하는 형벌을 내린 사고의 부재, 게으름, 의지 부족이다. 물론 습관이 되다보면 점차 그러한 인상에 무덤덤해지는 것도 사실이다. 그렇지만 베네치아나 피렌체에서 우리가 사는 곳으로 돌아온 후 감각이 받는 느낌을 떠올려보자. 도시의 진부한 현대성이 우리를 얼마나 고통스럽게 공격하는지 생각해보자. 아마도 이것이 예술적으로 훌륭하게 만들어진 옛 도시들의 행복한 거주자는 그곳을 떠날 필요를 느끼지 않는 반면, 우리가 일 년 동안의 도시 생활을 견딜 수 있도록 적어도 몇 주 동안은 자연으로 피신하려 하는 가장 깊은 내면적 이유일 것이다.

XII.

예술적 원칙에 따른 도시정비 사례

이전 장에서는 위대한 과거의 기준에 따라 단순한 형식들의 도시설계만을 의도적으로 다루고 개선시키고자 했다. 전체적인 완성을 위해서는 여기에 위대한 기념비적 양식의 사례가 한 가지 더 필요할 것이다. 이에 가장 적합한 오늘날의 대도시는 아마도 빈일 것이다. 이곳에서 가장 큰 도시확장 중 하나가 특별한 수단을 동원하여 이루어졌기 때문이며, 이러한 발전은 또한 예술과 예술학이 중부 유럽 전역에서 꽃피었던 절호의 시기에 이루어졌다. 한편으로는 옛 뮌헨이 건설기•에 이룬 업적을 눈으로 확인할 수 있었던 매우 유리한 시기였고, 다른 한편으로는 양식 연구의 성숙기가 아직 끝나지 않았기에 시대정신을 고도로 자극하는 데 안성맞춤인 상황이었다.

빈의 도시확장 사업은 열정뿐만 아니라 세심한 주의를 기울여 수행되었으나, 새로운 시설의 장래 예술적 효과에 관한 당시의 높은 기대치가 오늘날에 전부 충족된 것은 아니다. 이러한 상황에 대해 상세히 연구해보면, 일부 사

• 건설기는 도시가 처음 세워지거나 번영, 확장의 기회를 맞았을 때 도시 내 중요한 건축물, 인프라스트럭처들이 집중적으로 건설되는 시기를 의미한다. 뮌헨은 19세기에 중앙역사, 신청사 등이 지어지는 건설기를 맞이했다. - 옮긴이 주

람들이 생각하는 것처럼 완전히 못쓰게 된 것은 아님을 받아들일 수 있다. 미리 말해두지만 결핍된 모든 것은 여전히 쉽게 얻을 수 있다. 거대한 작업이 현재의 상태로 끝났다고 생각해서는 안 된다.

물론 대규모의 기념비적 건축들은 말 그대로 완성되었으며 더 이상 변경은 불가능하다. 우리들은 제대로 지어진 건축물에 만족하기에 변경을 원하지도 않는다. 그렇지만 건물 전면과 주변에 자리한 광장과 거리는 어떤가! 이 모두는 예술적 효과의 관점에서 볼 때 잘못되었고 나쁘게 배치되었다. 그러나 실제 토지구획 부분에 있어 주의를 기울여 작업을 수행하지 않았다면 훨씬 더 상황이 나빠졌을 것이다. 다시 말해 개선의 여지가 없었을 것이다. 오늘날에도 여전히 활력 있는 도시설계를 가능케 하는 세 가지 기본적 아이디어가 있었다. 첫째, 가능한 한 많은 공간들이 개발되지 않은 상태로 남아 있으므로, 지속적인 개선의 가능성이 오늘날에도 존재한다. 둘째, 도시확장 계획은 의도적으로 파리의 선례에 가깝게 유지되었고, 결과적으로 어느 정도의 큰 공간감을 얻을 수 있다. 여러 면에서 이런 공간감은 슈바르츠베르크성 Schwarzbergpalais, 빈 3구에 위치한 18세기 초에 지어진 바로크 양식의 성 과 슈바르츠베르크광장군에서 보이는 바로크 양식의 기본 원칙들을 떠올리게 한다. 위대한 바로크 양식의 활용은 파리를 지나 돌아오는 것보다 빈이 확실히 더 가깝다고 할 수 있다. 파리에서는 이러한 양식을 더 이상 순수하게 직접적으로 다루지 않는 반면에 빈에는 훌륭한 원형적 사례들이 존재한다. 그러나 평가는 공정해야 한다. 그 당시 바로크는 가장 비방을 많이 받는 아무 의미 없는 예술 양식이었으며 부패, 추악, 퇴행의 대명사였다. 마지막으로, 조직적 개인에 반대되는 단체 지혜의 가장 위대한 아이디어는 의도적으로 덜 중요한 부분부터 시작하고 그 다음에 거대한 기념비적 건물이 뒤따르게 했다는 것이다. 예술적 영향력은 점차 발전해나가며 더 큰 성과를 얻기 위해서는 먼저 성숙해야 한다는 사실을 정확히 예견하고, 대규모의 건물 복합체 개발에 있어 궁정박물관이나 성과 같이 가장 큰 권력을 가진 건물들은 마지막으로 남겨둔 것이다. 그리하여 더 높은 목표와 함께 그 영향력은 정말로 커져 마침내 제때에 새로운 궁 광장 neuer Burgplatz 그림 94 참고을 위한 적합한 전문가(고트프리트 젬퍼)를 찾았다.

단 한 가지 주장하고자 하는 또는 이미 주장했던 바는, 드레스덴을 위해 이토록 위대한 프로젝트를 계획할 수 있었던 예술가가 더 일찍 이곳에 왔어야 했다는 것인데, 이 또한 제약이 있었다. 젬퍼는 당시 취리히에 숨어 지냈으며 실현되지 못한 채 남아버린 드레스덴 프로젝트는 행방불명된 것이나 마찬가지였기 때문이다. 예술적 발전 과정에 정통한 사람이라면, 당시엔 사물을 훨씬 더 좁은 범위에서 생각할 수밖에 없었다는 점을 고려할 수 있을 것이다. 중요한 건축 활동의 가능성에 대한 의심이 널리 퍼져 있던 무렵, 과연 젬퍼의 도시확장 계획이 이해될 수 있었는지 그리고 실행을 위한 노력이 이루어질 수 있었는지 의문이 존재한다. 고대의 정신이 깃든 거대한 도시확장 프로젝트는 아마도 초기에는 유토피아적인 꿈으로 간주되었을 것이다. 위대한 양식의 달성을 위해서는 시대 자체가 무르익어야 했다. 마침내 시대는 성숙했고, 처음으로 젬퍼를 제때에 부를 수 있게 되었다. 이 일이 좀 더 일찍 이루어졌다면, 아직 당대 사람들의 지평에는 너무나 위대했을 건축적 아이디어가 도면 위에만 남아 있었을 것이다. 이

프로젝트는 이제서야 행복한 완성을 위해 무르익어가고 있다.

결국 현재 상황을 요약하면 다음과 같다. 건축은 성공적이며, 부지 구획은 그렇지 못하다. 하지만 다행히도 후자의 피해를 여전히 복구할 수 있는 여지가 충분히 존재한다.

실제 사례가 이 관점을 가장 명확하게 보여줄 수 있기 때문에 더 이상 고민하지 않고 빈의 도시확장 계획 일부를 재설계하기 위해 첨부된 스케치에 대한 설명을 시작하고자 한다.

옆의 그림 그림 110 은 보티프교회 앞 광장의 변형 계획안이다. 지금까지 존재해온 건물과 공간에 따라 쐐기 형상을 한 광장은 틀어진 블록 격자와 마찬가지로 항상 이 구조에 내재된 모든 오류와 함께 드러난다. 광장은 양옆의 베링거거리 Währingerstraße 및 우니버지탯거리 Universitätsstraße 와 분리되지 않고 주변에 융화되어 있다. 여기에 예술적 인상의 완결성에 대해서는 의문의 여지가 없다. 현재 보티프교회, 대학, 화학실험실, 다양한 주택 블록들은 어떠한 전체적인 효과도 없이 개별적으로 그리고 불안정하게 서 있다. 능숙한 배치와 조화로운 효과를 끌어올리는 대신, 각 건물은 서로 다른 음정으로 다른 멜로디를 연주하고 있다. 고딕 양식의 보티프교회, 가장 고귀한 르네상스 양식으로 지어진 대학건물 그리고 다양한 양식적 취향에 경의를 표하는 임대주택 건물들을 동시에 보는 것은 바흐의 푸가, 모차르트 오페라의 웅장한 피날레, 오펜바흐의 2중주를 동시에 들어야 하는 것과 다르지 않다. 견딜 수 없다! 정말로 견딜 수가 없다! 부주의하게 다뤄진 것들에 신경이 쓰일 수밖에 없다! 보티프교회의 고귀하고 섬세한 건축과는 대조적으로 베링거거리를 따라 늘어선 둥근 지붕들의 조악한

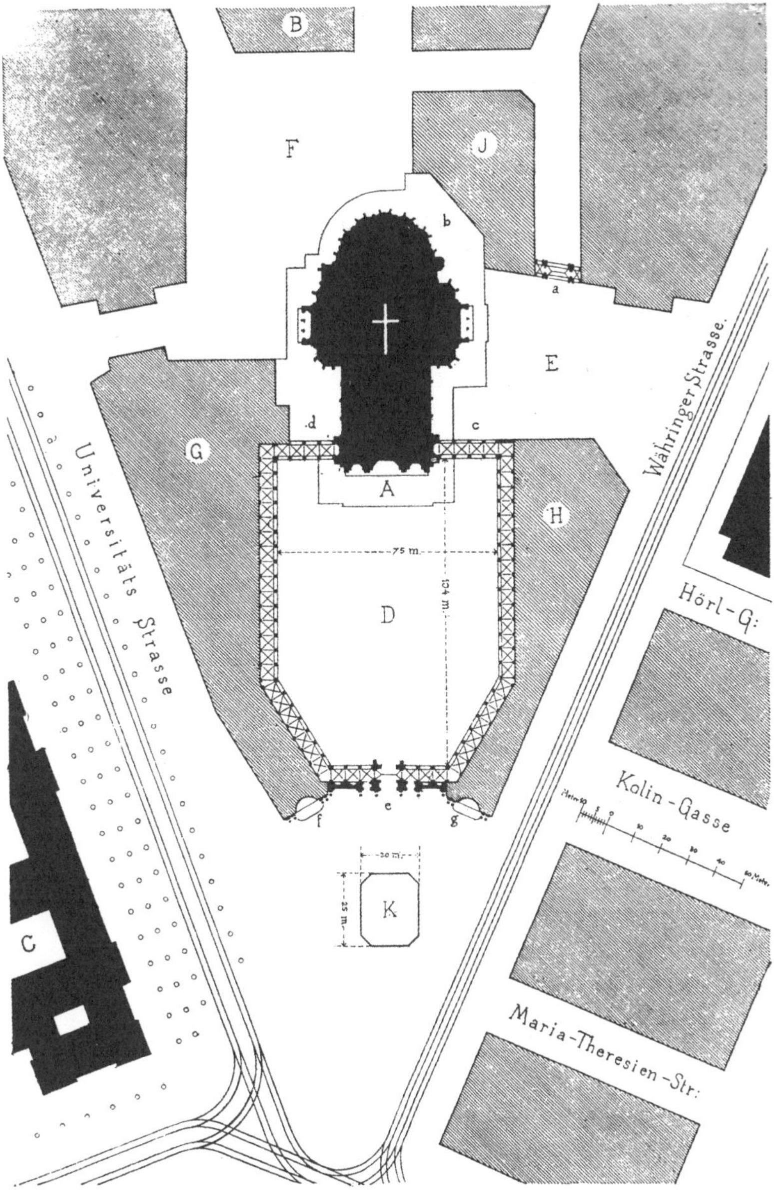

그림110 보티프교회광장의 변형 계획안

효과는 너무나 불쾌하다. 이 건물들의 파사드는 그 자체로는 화려하게 구상되고 반복적으로 만들어졌지만, 그것이 보티프교회 앞에 어울리는가? 특히 옆에 있는 오래된 돔 옆에서 그 효과를 높이기 위해 시각적으로 볼썽사납게 서 있을 뿐인 휘어진 탑형 돔은 정말로 해롭다. 모든 건축가가 이기적으로 옆에 놓인 건물에 그림자를 드리우고 그 효과를 훼손하려고만 한다면, 예술적으로 완결성 있는 광장의 효과는 과연 어떻게 성취될 수 있겠는가? 마치 드라마에서 두 번째, 세 번째 역할을 맡은 사람들이 주인공 역할을 원하고 제작자나 감독이 이를 되돌려놓을 힘이 없을 때 그 드라마에서 중요한 장면의 효과가 사라지는 것처럼 이런 것들이 광장의 앙상블을 무너뜨릴 수밖에 없다. 건설기술 감독의 강력한 조정은 이미 합의가 이루어지는 시점부터 필요하며, 건설과정에서의 결함은 일반적으로 추후 수정이 불가능하기 때문에 더욱 시급하다고 할 수 있다.

그러나 현재의 보티프교회 앞 광장의 경우 수정이 가능하다. 광장의 두 번째 주요 결함은 소위 거대한 규모가 만든 결과이다. 이 끝없이 비워진 공간은 웅장한 교회 건물의 효과를 최소화하기 위해 애쓰는 것처럼 보인다. 파리의 노트르담성당이나 빈의 슈테판성당의 위치에 보티프교회가 있다고 생각해보자. 어떤 효과가 있겠는가? 반대로 이 조악하고 황량한 괴물 같은 광장 위에 보티프교회 대신 슈테판성당이 서 있다고 상상해보자. 인상적인 효과는 상당히 줄어들 것이다. 보티프교회가 너무 작아서, 특히 옆에서 보면 마치 모형처럼 생겼고 이상해 보인다는 말을 자주 듣는 데에는 교회의 배치와 서투른 토지구획에 책임이 있을 뿐이다. 둘 다 맞는 말이다. 불만족스러운 결과의 원인은 훌륭하게 지어진 건축물이 아니라 공간에 있다. 고딕 양식의 교회건물은 완전한 노출, 무엇보다 멀리서 바라다보이는 완전히 노출된 측면을 꺼린다는 것은 과거에 이미 충분히 입증되었다.

이제 불행의 원인이 드러났다. 재계획안을 시작하는 것이 더 이상은 어렵지 않다. 기존의 건축적 효과는 해체되어야 하고 보티프 교회의 아름다움은 훌륭한 옛 대성당 광장시설의 가르침에 따라 올바르게 비춰져야 한다. 고딕 성당의 외부 효과는 광장의 적절한 조형으로 극대화될 수 있다. 이를 위해 우뚝 솟은 탑이 있는 정면 파사드와 더불어 깊은 광장이 요구되며, 측면 파사드의 경우 높은 탑과 비대칭의 경사진 주보랑, 투시도적 교차를 통해 가장 아름다운 효과를 가진 제실, 버팀도리의 다양한 방향, 수많은 첨탑이 한 장면에 드러나지 않도록 해야 한다. 앞서 제시한 계획안 스케치 그림 110 는 이러한 모든 요구사항이 빈 공간의 거대한 면적에 따라 오늘날에도 충족될 수 있음을 보여준다. 정면 파사드 앞에는 대형 아트리움이 계획되어 파사드를 강조하는 역할을 한다. 그리고 부지 G와 H에는 건물을 세움으로써 부적합한 주변 환경에 피해가 없도록 한다. 광장의 규모는 너비가 75미터(산마르코광장 폭의 절반)이고 길이가 104미터로 옛날 광장의 좋은 예들과 비교하면 의미 있는 크기이다.

오래된 선례에 따르면 교회 파사드보다 넓지 않은 폭을 가진 정사각형 광장은 아트리움으로 채워진다. 대부분의 오래된 교회 광장은 교회 자체가 자치하는 면적만큼 크다. 그러나 가장 크고 인상적인 광장을 원한다면, 약 3배 정도까지 더 크게 만들 수 있다. 이보다 더 큰 광장은 그 효과가 이미 유해하며 건물과의 비례를 망쳐버린다.

아트리움 D는 여기에서 가장 넓은 치수로 계획되었을 것이다. 인접한 순환도로의 규모와 지금까지의 지배적인 관습상, 여기 보이는 모든 것들의 규모가 최대치라는 사실이 정당화되기 때문이다. 아트리움 주변을 둘러싸고 있는 뾰족한 아치 형태의 아케이드는 가능한 한 세부적으로 섬세하게 건설되어야 하며, 교회의 양식인 창문의 원형 장식(당연히 석재)도 마찬가지이다. 이 모든 것은 교회 파사드의 인상적인 효과를 높이는 데 기여해야 한다. 이러한 이유로 아케이드 자체는 가능한 한 세장하고 높게 유지되어야 하며 어떤 층간 장식으로도 덮지 않아야 한다. 반면 아케이드 뒤쪽의 복합건물 G, H는 충분히 높아서, 시야의 방향이 이미 혼란스럽고 과격하다고 묘사한 임대주택의 탑형 돔의 풍경을 향하지 않도록 해야 한다. c, d, e와 광장의 가장자리에 연속된 회랑은 더욱 기념비적으로 배치될 수 있다. 양쪽의 긴 면에서 기념비, 프레스코 벽화 등을 통해 점진적으로 풍부하게 만드는 방식을 고려할 수 있으며, 이로써 전체 공간은 유명한 캄포산토 모누멘탈레 Camposanto Monumentale, 이탈리아 피사에 있는 묘소로서 벽체에 14세기의 벽화가 그려져 있었으나 2차 대전 당시 소실 등과 같이 결국 예술품으로 채워질 것이다. 아름답게 비워진 광장의 중앙은 크고 작은 기념비를 수용하기에 적합한 반면, 현재의 볼품없는 광장 표면은 어떤 자기주장도 없이 무엇도 받아들이지 못한다. 또한 분수 한두 개가 이곳에 놓이는 것도 잘 어울릴 것이다. 분수는 전통적으로 아트리움에 구성되기 좋은 정원 요소이기 때문이다. 이 경우 교회의 바로 앞 공간과 e에서 A까지의 긴 축을 따라 넓은 띠 공간으로 비워두어야 한다. 경사진 통로의 입구 e에는 더 큰 수목들이 있어도 나쁘지 않을 것이다. 이 아트리움은 어린이와 어른 모두의 휴식을 돕는 데 있어서도 현재의 넓기만 하고 쓸모없는 시설들보다 훨씬 더 많은 것을 제공할 수 있다.

중요한 것은 면적이 아니라, 올바른 설계이다. 공간을 비워놓음으로써 얻을 수 있는 위생상의 이득은 현재의 광장에서는 거의 이야기할 것이 못 된다. 이곳은 바람의 불쾌함과 궂은 날씨, 태양의 열기와 먼지, 거리의 소음과 트램 철로의 끝없는 울림에 노출되어 있어 참기 힘들 정도이다. 따라서 현재의 모습은 대부분 모래사막같이 황량한 반면, 이곳에 계획된 아트리움은 바람과 먼지로부터 보호되고 거리의 소란으로부터 자유로우며 아케이드와 정문 옆 수풀 사이에는 휴식을 위해 기꺼이 방문할 맘이 드는 그늘진 휴식처가 풍요롭게 제공된다. 정문 e 옆 경사진 통로에는 특히 가벼운 다과를 제공하는 상점들이 올 수 있다. 그리고 감시가 필요한 숨겨진 모퉁이에는 접근을 허용하는 반면, 가능한 한 깨끗한 공기를 유지하려면 광장 전체가 하수도 체계와 직접 연결되는 것을 피하는 것이 좋을 것이다. 또한 작은 경비초소는 복합건물 G와 H 안으로 넣을 수 있으며, 아케이드에서 직접 접근할 수 있다. 이렇게 갖추어진 광장 D는 위생적인 측면에서 상당한 성과를 거둘 수 있을 것이다. 이와 달리 현재의 광장은 많은 유지비용이 들었음에도 조직화되지 않아 이런 측면에서 아무것도 제공하지 못한다. 예술적 효과에 대한 상상은 독자의 몫이다. 이 과제를 적절하게 해결할 수 있는 예술가는 충분할 것이다. 그리고 이는 도시계획에 정신적, 예술적 자본을 투자하기 위해 어떻게 해야 하는지 예시하는 사례가 될 것이다. 과제가 설정되어야 예술적 해결책이 따라오게 된다. 그러므로 예술적 과제를 포함하지 않은 블록 체계로 시작하게 되면, 예술적 해결책 또한 사라지는 것은 전혀 이상하지 않다.

건물 G의 외관은 우니버지탯거리의 연장으로서 그 주변부 건물들의 외곽선(건축선)과 일치되어야 하며 부지 H에 지어진 임대주택 건물도 마찬가지이다. 이것은 링거리 맞은편에 위치한 전체 단지의 끝단 역시 재정비할 여지가 있음을 의미한다. 먼저 e 근처에 거대한 아치 건축물이 필요하다. 외관상 고딕 양식이 아니라 대학건물처럼 이탈리아 르네상스 양식으로 하는 것이 바람직한데, 두 건축물이 동시에 조망될 수 있기 때문이다. 반면 아트리움 내부에 있어서는 양식상의 일치가 필수적이지 않다. 이 건축물의 외부는 고딕 양식의 보티프교회나 고딕 양식의 아케이드와 절대로 동시에 볼 수 없기 때문이다. 이로써 양식상의 충돌은 마치 건축부지의 불규칙성을 건축물 내부로 집어넣어 보이지 않게 만들 수 있는 것처럼, 벽체 내부의 중첩을 통해 상쇄시킬 수 있다. 동시에 볼 수 있는 것들은 서로 조화를 이루어야 하며, 동시에 볼 수 없는 것들에 대해 염려할 필요가 없다는 규칙을 항상 따를 필요가 있다. 이런 식으로 실제 효과의 발자취를 따르면 결코 길을 잃을 수가 없다. 개선문 유형의 중앙부 옆에는 대형 분수를 설치할 수 있는 더 높은 정면 f와 g가 주어진다. 이 모든 것이 완료되어도 보티프교회 하나를 더 세울 수 있을 만큼 충분히 큰 빈 공간이 남는다. 이 광장은 정말 끝없이 거대하다.

다른 요구들은 마치 저절로 해결되는 것처럼 훨씬 더 쉽게 해결된다. 부지 I와 아치형 통로 a를 통해 바람직한 측면 조망을 가진 광장 E가 형성된다. a는 광장의 오른편 시야를 위해 닫힌 상태를 유지하며, 아트리움으로 들어가는 입구인 c와 조화를 이루면서도 지루하고 경직된 대칭 효과를 만들어내지 않는다. 대칭은 광장의 전체 형식과 비대칭의 교회 입면에 적절치 않은 것이다. b는 노출된 광장에 더욱 대비되도록 가능한 한 좁아야 하며 통로로 삼아서는 안 된다. 같은 이유로 d에서 인접한 건물의 측면을 가능한 한 교회에 가깝게 위치시켜 양쪽 측면의 동일한 파사드를 한쪽은 노출된 상태로, 다른 한쪽은 거의 막힌 상태로 매번 다르게 작용하도록 한다. 이런 식으로 아트리움으로 들어갈 때 c와 d의 모습은 서로 다르게 보이며, 한쪽에는 네 개, 다른 한쪽에는 세 개의 통로가 존재한다. 순수 예술적 관점에서 볼 때 고위 성직자를 위한 건물을 B에서 J로 옮기고 교회와 맞닿게 하는 아이디어는 반대할 이유가 없다. 모퉁이에서 바라보는 성당의 제실을 강조하는 마지막 조건에 광장 F는 적절하며, 여기엔 거의 의심의 여지가 없다.

시청광장의 현재 상황도 유사하다. 여기에도 광장의 효과는 존재하지 않는다. 이른바 시청광장은 모든 방향으로 열린 지형을 보이고, 닫힌 성격도 없으며, 어떤 방향으로도 예술적 효과를 통합하지 못한다. 여기에도 비워진 면이 너무도 광활하게 뻗어 있기 때문이다. 분지지형에 위치한 도심과 같이, 끊임없이 인파가 붐비는 매우 좁은 주변 환경에 위치한 새로운 시청 건물을 상상해보자. 그곳에서는 강렬한 효과를 드러낼 것이지만 현재의 환경에서는 실제처럼 거대해 보이지 않는다. 따라서 외부인들은 매번 실망하며 사진에서 보고 더욱 웅장할 것이라 상상했다고 이야기한다.

인근 정원시설에는 건물이 거대한 높이로 올라가 보이는 몇몇 지점이 있다. 링거리 바로 맞은편에 불리한 지점에 위치해 있으면, 갑

자기 확대경을 들여다본 듯 자신의 감각을 믿을 수 없게 된다. 대비효과로 인해 시각적 척도가 상당히 달라지게 되는 것이다. 빈 시청사에 더 작은 규모의 광장과 적절한 양식의 적용이 필요하다는 것은 의심의 여지가 없다.

새로운 왕립극장 Burgtheater 의 현 상황은 그다지 좋지 않다. 건물 주변이 대가의 장엄한 건축물과 수많은 기념비적 파사드로 채워졌다면 얼마나 많은 효과를 이룰 수 있었을까? 후면 모퉁이 한쪽에는 계단실, 다른 한쪽엔 무대공간이 있는 이 건물은 자체적으로 훌륭한 광장의 절반을 형성한다. 그러나 나머지 절반은 어디에 있는가? 타인팔트거리 Teinfaltstraße 의 맞은편에 있는 광장 K는 절망적으로 방향을 상실했다. 동시에 광장의 벽으로 매우 적합한 후면 파사드도 더 이상 유효하지 않다. 아직 빈 공간이 있기 때문에 뢰벨거리 Lövelstraße 의 맞은편 모퉁이 근처에 아름다운 광장을 지을 수 있을 뿐이다. 이를 통해 아무런 연결도 없이 엉뚱한 블록처럼 서 있는 건물 전체의 고립이 해결될 수 있다. 그러나 최악의 경우는 링거리 맞은편에 보이는 메인 파사드이다. 건물의 기본 형태는 완전히 다른 환경을 필요로 한다. 돌출된 곡면부는 n과 o (그림111 참고) 사이에 위치한 보행로를 역방향으로 바꾸고 도로의 교통 흐름으로부터 뒤로 물러날 것을 강요한다. 대신 이곳에서 트램 철로는 모든 미세한 감각에 해를 입히는 거슬리는 소리와 함께 지나간다.

이것이 불러일으키는 감각은 대화를 나누는 사람의 몸에 점점 가까이 다가가 마침내 코트 단추를 만지기까지 하는 불손함이나 다름없다. 당신은 뒤로 물러나지만 괴롭히는 사람은 코를 만질 수 있을

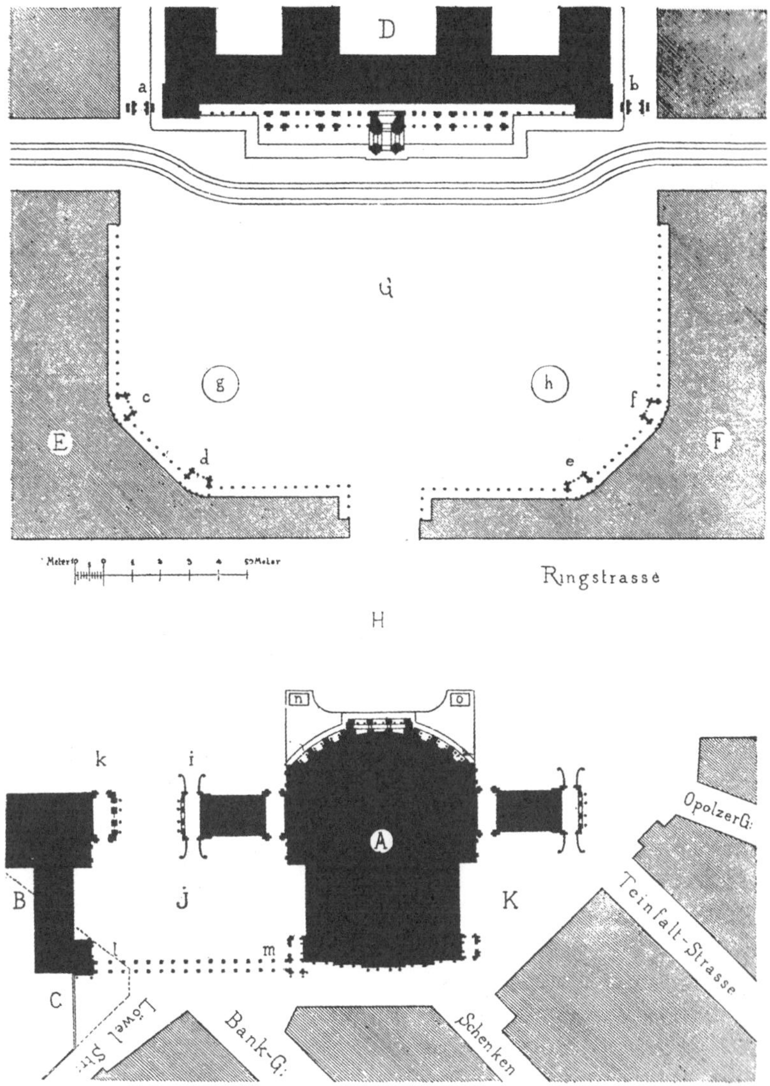

그림111 시청광장의 변형 계획안

정도로 가까이 다가올 것이다. 방해물을 제거한다면 말 그대로 안도의 한숨을 내쉬게 될 것이다. 고귀한 건축물의 이마 앞까지 트램 철로가 다가가는 것은 무례한 도발이다. 특정 공간의 자유가 요구되는 이유가 바로 여기에 있다. 따라서 트램 철로는 노선 개발로 인해 피해가 가지 않을 수 있도록 보티프교회에서 국회의사당과 시청사로 이어지는 라이히스랏츠거리 Reichsratsstraße 를 지나도록 이전해야 한다.

이는 본 장소의 설계를 위한 조건으로서 시청광장 변형 계획안 그림 111 의 바탕이 된다. 너무 많이 비워진 공간에 부분적으로 건물을 채워 넣으면 별도의 시청광장 G가 생성되어 기존의 시청 건물을 바탕으로 독창적인 도시 경관을 만드는 과제만이 남게 된다. 이 목표를 달성하기 위해 시청의 측면 아케이드가 연장되어 전체 광장을 둘러싸는 형태가 되어야 하고, 시청 파사드의 작은 탑 네 개에 상응하도록 c, d, e, f의 모퉁이에 네 개의 전망대를 세워야 한다. 이는 모두 좀 더 작은 규모와 덜 화려한 양식으로 구현되어, 시청의 힘 있는 인상이 더욱더 강조될 것이다. 같은 이유로 부지 E와 F의 모든 건물은 빈의 일반적인 아파트 높이보다 1-2층 정도 낮아야 한다. H에서 광장 벽은 A에서 탑을 조망하는 것이 가능하도록 거리 방향으로 열려 있어야 한다. a와 b에서 광장 벽은 베로나의 스칼리제르 Scaligere, 13세기경 이탈리아 베로나의 왕조 기념비와 같은 개선문 형식의 기념비로서, 각각의 캐노피에 터키에 대항하던 시절의 영웅과 관련된 기마상을 올릴 수 있을 정도로 규모만 크게 변경되어 마무리될 것이다. 다른 작은 기념물들은 c, d, e, f의 전망대 앞으로 광장 전체의 가장자리를 따라 많은 수가 세워질 수 있다. g와 h에는 분수를 설치할 수도 있지만, 그곳에 영구적인 음악 정자를 지어 정기적으로 음악을 연주하고, 한편에는 대규모의 카페를 다른 한쪽에는 레스토랑을 두는 것이 더 나을 것이다. 이렇게 완성되면 시청사 근처에 많은 사람들이 모이고, 동시에 매우 다양한 시대에 지어진 건물들 사이의 양식상의 충돌이 해결될 것이라는 사실은 따로 증명할 필요조차 없다. 광장 J의 형성은 계획안 스케치에서도 명확하다. 극장 건물과 대칭으로 고안된 새 건물 B(관리동이나 독립적 용도를 가진 건물)는 국민정원 Volksgarten C에 약간 들어가게 되고, l에서 m까지 위층에 연결 통로가 있는 열주랑을 통해 극장과 연결된다. n과 o, 또는 더 떨어진 곳에 더 큰 기념비를 세우기에 적합한 두 개의 훌륭한 광장이 있다.

대학교와 국회의사당에 대한 전체 계획의 마무리는 종합계획안 그림112 에서 볼 수 있다. 시청광장의 양측에 위치한 두 곳의 유사한 부지는 대학과 의사당 건물을 위해 할당되었으며, 진입 경사로가 있는 주 파사드가 링거리 쪽을 향하도록 선택되었다. 적절한 선택이었지만, 진입 경사로의 자유로운 확장에 공간적으로 어느 정도 제약이 있다는 단점을 고려해야 했다. 이는 국회의사당에 있어서 특히 불리한 지점이었으며, 링거리에 이득이 되는 형세가 되도록 도왔던 도시설계의 기나긴 투쟁에 원인이 되었다. 그러나 링거리 전체가 도시확장의 가장 중요한 부분, 즉 궁정박물관에서 보티프교회에 이르기까지 나타나는 결점 대부분의 원인이라는 데는 의심의 여지가 없다. 건물의 존엄성, 중요성 그리고 건축적 조형에 완전히 부합하는 조용한 광장이 더 이상 존재하기 힘든 대학교의 경우가 그러하며 여전히 리모델링이 가능한 국회의사당에서도 마찬가지이다. 건물과 광장 사이

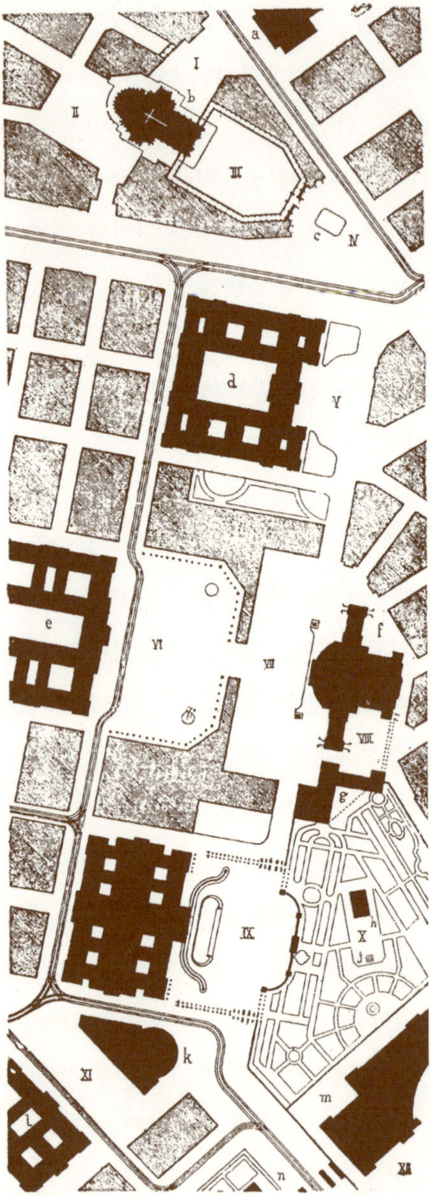

그림 112 **종합계획안**

A. 광장들 I, II, IV. 보티프교회 옆의 새로운 광장들
III. 보티프교회의 아트리움
V. 대학교광장
VI. 시청광장
VII. 극장 대광장
VIII. 극장 소광장
IX. 국회의사당 앞 광장
X. 정원광장
XI. 법원 앞 광장
XII. 시민광장

B. 건물들 a. 화학실험실 건물
b. 보티프교회
c. 대형 기념비를 위한 광장
d. 대학교
e. 시청사
f. 왕립극장
g. 왕립극장 부속건물 계획안
h. 테세우스신전
j. 괴테 기념비를 위해 마련될 예정인 광장
k. 아직 정해지지 않은 신축건물
l. 법원
m. 새로운 호프부르크왕궁 부속건물
n. 개선문 계획안

의 모순, 배치의 완전한 부적절함이 이곳보다 더 명확하게 드러날 수 있는 사례는 거의 없다. 의사당 건물 자체는 리살릿 Risalit, 건물 중앙의 돌출부의 사원 형식 그리고 세부 디테일로 인해 그리스 르네상스 양식에 속한다. 중앙집중형 건물, 날개 부분으로 연결된 모퉁이 건물, 진입 경사로, 작은 정원식 화단 등 여러 건물의 그룹화는 이보다 더 아름답다고 생각할 수 없고, 고대 그리스인들은 희미하게도 만들어낼 수 없었던 순수한 바로크 양식의 계획안이다. 바로크 성 건축의 본질적 형태가 우리 눈앞에 있으며, 실제로 필수적인 정원식 화단조차도 본질적인 상태를 유지하고 있다(그림113의 a와 b 사이). 이러한 모티브의 필수적인 형식은 어디에 있는가? 훌륭한 원근효과를 갖는 데 필수 불가결한 건물 앞 광장을 부정할 수 있는가? 그것이 가능하다고 생각해선 안 되지만, 현시대의 도시설계는 예술적인 조건을 충족하는 것은 고사하고 이해조차 하지 못하는 절대적 무능력을 통해 이를 해냈다. 공사기간 동안 이러한 것들에 점차 익숙해져야만 현재의 상황을 견딜 수 있다. 사실 (예술적으로 말해서) 이러한 가혹한 모순은 정말로 견딜 수가 없다. 여기에서 링거리는 사라져야 하며 건물을 위한 전면 광장을 형성해야 한다. 그래야만 건물이 온전히 매력을 발휘할 수 있다. 겨울철 잎이 떨어진 나무들 사이로 테세우스신전에서 링거리를 가로질러 보이는 국회의사당 건물을 볼 때 그러한 매력을 일부나마 느낄 수 있다. 빈 사람들은 아직 국회의사당 건물을 보지 못했다고 말하는 것이 맞다. 올바른 출구 지점이 링거리를 통해 이동되었기 때문이다. 마치 귀중한 벽지를 거꾸로 붙인 것처럼, 링거리 전체 구간에 걸쳐 모든 건물의 건축적 아름다움이 잘 드러나지 않고 온전히

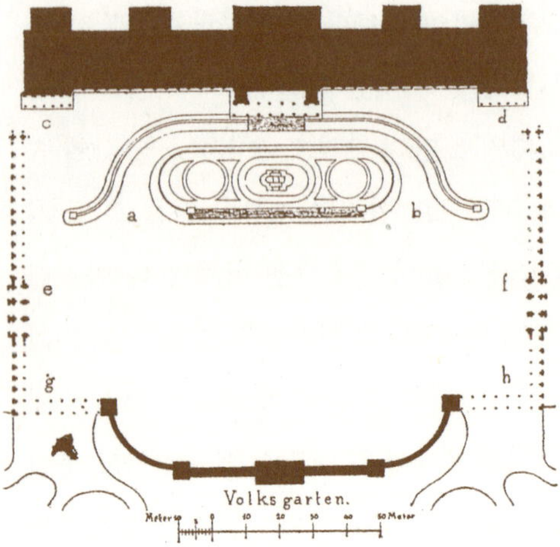

표현되지 못하고 있다. 국회의사당에서 이러한 상황을 개선시킬 수 있다. 옆의 그림 그림113 에 그 시도가 그려져 있다. c에서 g, d에서 h에 이르는 양쪽에서 국회의사당 1층 높이를 가진 단층의 열주랑을 통해 공간이 차단되어야 한다. 열주랑은 의사당 건물에 어울리도록 거친 석재 마감으로 이루어진 외부, 기둥과 수평 엔타블러처의 내부 등 본질적으로 오래된 성문의 형식에 따르고, 의사당의 형태와 치수를 정확하게 참조하여 모든 면에서 더욱 섬세하게 계획했다. 양쪽 모두 본관 건물에 상응하는 중간층이 있고, 여기에 개선문 형식이 만들어내는 분절 지점 e와 f에 부조와 동상 장식을 부착해야 한다. 높게 지어진 중앙부에는 본관 건물의 광장과 같이 2륜마차를 위한 공간이 위치해야 한다. g와 h에는 아름다운 정원을 새로운 광장과 연결하고, 이곳으로부터 도심까지 이어지는 환영 통로를 가능하게 하는 각각 독립된 국민정원의 입구가 설치되어야 한다. 이는 새로운 성곽으로 인해 현재 입구가 봉쇄되었기 때문에 더욱 필요하다. 이러한 광장에는 본래 계획했던 것처럼 경사로를 더 많이 배치하고 웅장한 기념비를 세우는 것 또한 가능하다.

그림113 국회의사당 앞 광장시설의 계획안 스케치

보티프교회에서 궁정박물관까지 지금까지의 경로를 따라 이어지는 마지막 불규칙한 지점, 즉 법원 맞은편의 자투리 광장은 여전히 불필요하다. 또한 이 지점에서 링거리의 순환 형태에서 발생하는 구부러짐이 부지의 직사각형 체계를 파손시키는 원인이 된다. 같은 이유로 오늘날 거의 모든 도시에서 이러한 흉한 자투리 형태를 볼 수 있으며, 여기서는 어떠한 아름다운 것도 발전시킬 수 없다. 이러한 자투리 광장을 개선시킬 방법은 존재하지 않는다. 단순하게 만드는 수밖에 없다. 여기에 주어진 조건을 따르면, 링거리를 면하고 뒤쪽으로는 법원을 향하는 사각형의 광장을 형성시키는 것이 최선일 것이다(그림112의 XI 참조). 반면 광장을 채운 건물 k의 전면부는 힘 있는 반원 형태를 가진다. 이 원형 건축물의 지름은 의도적으로 크게 만들어 인상적인 효과를 얻을 수 있다. 계획안에 따르면 직경은 60미터로 로마의 아우구스투스영묘보다는 크고 73미터인 하드리아누스영묘(현재의 산탄젤로성)보다는 작다. 질서를 부여하기 위해 주어진 상황을 따르는 것이다. 또 다른 질문은 이렇게 계획된 건물이 어떤 용도로 사용될 수 있는지에 대한 것이다. 임대주택으로 생각하기는 어렵다. 형태 면에서는 실제로 수도원 건물의 후면에 오는 납골당과 유사한 일종의 영묘일 가능성이 가장 높다. 또는 박물관이나 음악당도 가능하다. 도시 중심에 무역박물관을 위한 적절한 장소를 확보하지 못한 것이나 공연장 시설의 부족에 대한 불만들은 이미 잘 알려진 상황이다. 그러나 미래에 대한 그러한 환상을 광장 옆에 꺼내놓는 것은 적절하지 않으며, 오직 어떤 방법으로 훌륭한 유형의 도시설계가 다뤄졌는지에 대한 실제적인 사례만을 보여주어야 한다.

종합계획안 그림112 전체를 활용한 연구의 결과를 요약하면, 스케치에서 볼 수 있는 트램 철로의 새로운 배치와 더불어 계획안 스케치에서는 보이지 않는 슈바르츠슈파니어거리 Schwarzspanier straße 위 배링거 노선(트램)과의 연결을 고려할 수 있다는 것에도 주목할 만하다. 이러한 전제조건 하에서 모든 방향에서 지금과 같은 양호한 연결이 가능하며, 오히려 교통은 방해가 되는 곳이 아닌 더 잘 이용할 수 있는 곳으로 옮겨진다. 전체적인 변화를 통해 얻을 수 있는 것들은 다음과 같다.

1. 양식상의 충돌 제거
2. 각각의 기념비적 건물 효과의 본질적 상승
3. 특징을 가진 광장의 그룹화
4. 중소규모의 여러 문화재를 통합적으로 설치할 수 있는 기회

새롭게 생긴 광장들은 저마다 다른 도시 경관을 부여한다. 장엄한 시민광장 XII 옆의 이 장대한 황실 포룸은 진정한 의미에서 국회의사당의 전면 광장 IX이 될 것이며, 이는 고대 아네테 정신이 구현된 제국 포룸의 특성을 가진다. 테세우스신전 h 옆의 국민정원에는 일종의 나무와 덤불이 형성될 수 있으며, 그 중심에는 괴테 기념비를 수용하기에 적합할 것이다. 이 광장에는 포룸과 유사하며 고대 양식을 반영한 무언가가 필요하다. 여기에 아름다운 정원과 영묘 형식의 건물 k를 추가하면, 양식적으로 가까움에도 서로 흩어져 있는 건물들이 서로 조화를 이루도록 통합시키는 그룹화가 가능할 것이다. 여기서 몇 걸음만 가면 완전히 다른 극장광장 VII, VIII에 다다르게 되며, 이곳

은 위대한 시인과 예술가를 기리는 기념비를 세우기에 적당한 장소이다. 고딕풍의 아케이드가 있는 시청광장 VI는 이전과는 완전히 다른 거리 풍경을 제공할 것이며, 여기에 세워질 기념물은 도시의 역사에서 유명한 사람들에게 헌정될 수 있다. 획일적으로 이어지는 링거리의 가로수길을 제거하고 좌우에 더 크고 조밀한 나무와 관목을 심는다면, 대학 건물은 전면 광장 V를 가지게 되며, 이는 아름다운 주랑현관의 효과를 눈에 띄게 상승시킬 것이다. 그럼에도 봉헌교회의 아름다움은 매우 독특한 인상을 줄 것이고, 이 차분하고 신성한 공간에는 뛰어난 학자들을 위한 기념비가 올 것이다. 따라서 일련의 광장들이 형성되면 다음 세대를 위한 기념비를 배치하기에 모자람이 없을 것이다. 반면 현재의 광장 배치에서는 공간의 광대함으로 인해 기념비에 적합한 장소를 단 한곳도 찾을 수 없다.

이 논의는 대도시의 기념비적인 중심부가 역사의 교훈과 아름다운 옛 도시의 사례에 따라 예술적으로 형성될 수 있는 방식을 예시화한 것으로 받아들일 수 있다. 이때 해결책은 여러 가지가 될 수 있으나, 예술에 대한 헌신을 처음부터 포기하지 않으려면 동일한 원칙과 접근 방식을 고수해야 한다.

결론

포룸과 유사한 광장이 있는 옛 도시설계 체계를 새로운 시대에 구현하고자 하는 시도는 오늘날 이미 반복적으로 나타나고 있다. 화가와 건축가는 확실히 오래된 광장들의 복원에 탐닉하며, 사라진 이상에 대한 열정을 불러일으키는 그러한 장엄한 경관들은 오늘날에도 여전히 아름다운 것들을 만들 수 있음을 보여준다. 그러나 이러한 모든 시도는 공통적으로 도면 위에만 남게 되는 운명을 맞는다. 30년 전 E. 푀어스터 Emil Förster, 19세기 중후반 빈을 중심으로 활동한 오스트리아 건축가 는 건축가 J. G. 뮐러 Johann Georg Müller, 뮌헨, 취리히, 빈 등에서 활동한 스위스 태생의 건축가 의 전기 39쪽에서 다음과 같이 기술했다. "뮌헨의 대형 신축 건물은 대부분 산발적으로 배치되어, 몇몇 결점과 모순과는 관계없이, 함께 구성되는 가운데 만들어지는 효과를 스스로 박탈한다. 뮐러는 대성당, 시청, 도서관, 증권 거래소 등이 한곳에서 통합되는 대규모 건물 그룹을 설계하는 아이디어를 생각해냈다." 이 프로젝트는 순전히 학술적인 연구 목적으로만 계획되었기 때문에 실현 가능성에 대해 전혀 고려하지 않았다는 점을 이해할 수 있다. 그러나 1848년 뮐러는 고대 포룸의 실현이라는 의도를 담은 프로젝트로 브뤼셀의 로얄가 Rue Royale 에 있는 바퐁 bas fonds 의 공모전에도 참여했다. 그의 계획안은 찬사를 받으며 당선되었지만 실현되지는 않았다.

G. 젬퍼의 드레스덴 프로젝트의 운명은 이미 언급한 바 있는데, 현시대에는 도시설계가 예술작품으로서 떠도는 팔자임에도 고위층의 높은 관심을 받으며 착공이 시작된 것은 큰 의미가 있다. 그러나 그토록 호의적인 후원 아래 시작된 이 작업도 결국 성공할 수 없었다. 이러한 암울한 역사적 경험에 직면해 그러한 이상을 계속 믿기 위해서는 많은 용기가 필요하다. 우리 시대는 너무도 무미건조해 이제는 도시설계의 영역에서 위대하고 아름다운 것을 만들어낼 수 없다는 생각이 들 정도다. 그러나 이미 언급했듯이 빈의 도시확장에는 운이 따르고 있기 때문에 아마도 성공할 수 있을 것이다. 또한 여기에서 거대하고 새로운 계획이 더 이상 중요하지 않다는 것도 고려해야 한다. 전체적으로 볼 때 어렵고 비용이 많이 드는 부분은 이미 완료되었으며, 완료된 계획을 올바른 환경으로 만드는 더 쉽고 사소한 작업만 남아 있다. 말하자면 주인공이 되는 그림들은 도처에 완성되어 있고 액자만 빠진 상태와 같다. 누군가는 이 상황에서 조만간 내부로부터 돌파해야 하는 강력한 무언가가 있다고 생각할지도 모른다. 그렇다. 지금까지 있어 가장 거대한 포룸 유형의 시설, 즉 새로운 시민광장이 이미 완성에 가까워지고 있다고 생각한다면, 로마의 산피에트로광장이 건립된 이후 어느 곳에서도 실현되지 않았던 위대한 아이디어와 방법론이 필요하다는 움직임이 시작될 시기를 미리 결정할 수 있을지

도 모른다. 그러한 일들이 일어날 때 누가 새로운 용기를 가지지 못하겠는가? 여기에서 우리는 발전의 과정을 정확히 계산할 수 있다. 호프부르크왕궁의 한쪽 날개는 이미 우뚝 솟았으며, 반대쪽 날개도 완성될 시간이 멀지 않았다. 왕궁의 공사가 끝나면 옛 성문 부르크문(Äußeres Burgtor)을 지칭하며, 철거 예정이었으나 실현되지 않았음 은 무너지고 장엄한 광장이 일제히 드러날 것이다. 모든 것의 미래가 정해지는 결정적인 순간, 링거리를 마무리하는 두 개의 돌출된 개선문 형식 건물이 예술적인 조화를 이루며 통합될 것이다. 그러면 궁정박물관 하단부에 해당하는 황실마구간 방향으로 양식적으로 적절한 완결부를 설치할 필요성도 의심할 여지없이 자명해질 것이다.

아직 공사 중인 새로운 시민광장이 가져올 엄청난 효과는 의심의 여지가 없지만 아마도 미학적 영향력을 강하게 미치지는 않을 것이다. 또한 법원 바로 앞의 형태를 알아보기 힘든 자투리 광장과 국회의사당 건물 근처에 있는 나머지 모든 광장의 혼란을 더 견디는 것은 완전히 불가능하다. 그렇다면 여기에서도 새로운 호프부르크궁 광장의 위대한 사례가 빛을 발하는 것과 같이 이상적인 목적을 가지고 무언가를 해야 하는 순간이 분명 오게 되어 있다.

그 후엔 더 이상 찬성과 반대 의견이 의미가 없는 확정적인 상황으로서, 기껏해야 건물의 자금 조달이 문제가 될 것이라고 생각하게 될 뿐이다. 그러나 이것은 어떤 어려움도 일으키지 않을 것이다. 이 시기에 빈은 확실한 인구 증가가 예상되기 때문이다. 그리고 계획 스케치에서 예상해볼 때 오랫동안 아무것도 건설되지 않았던 도심 내 대규모 부지들 위에는 사적 수익성을 목적으로 하는 프로젝트들이 진행될 것이 분명하다. 이러한 부지의 수익은 아케이드 건설에 필요한 대부분의 비용을 확실히 충당할 것이다. 따라서 그러한 배치가 통상적인 인정을 받을 수 있는지에 대한 원칙의 문제만이 남게 된다.

한번 지어진 건물은 그대로 남아 있기 때문에 건설의 실패는 실제로 큰 재앙이 될 것이며, 그렇기에 비전문가에겐 어려운 결정일 수 있다. 이에 대해 생겨나는 조언들은 간결하게 설명되어야 한다. 여기서 제안하는 과정들은 허공에 성을 지으려는 것이 아닌, 실제로 실행 가능하고 이곳만이 아니라 다른 장소에도 적용될 수 있는 것이어야 하기 때문이다. 예를 들어 보티프교회 앞에 계획된 아트리움을 (도시설계의 실패를 막고 시민들을 설득하기 위해 여러 건설계획안의 모형을) 전시하기 위한 공간으로 종종 활용할 수 있으며, 이 경우 임시 전시건물은 합판과 흰 덧칠을 통해 지어질 수 있다. 그렇다면 비전문가를 포함한 모든 사람이 그 효과를 판단할 수 있고, 여론도 최종 건설을 진행해야 하는지 여부를 확실히 결정할 수 있을 것이다. 물론 전문가는 이미 계획 단계에서 프로젝트의 정당성을 보장할 수 있다.

어떤 경우에도 건물부지는 첫 소유자의 임의 처분에 따라 마음대로 양도되어서는 안 된다. 여기 보티프교회에서도, 시청광장의 부분적 건설에 있어서도 마찬가지이다. 이는 처음부터 모든 것을 망칠 것이다. 개별적으로 주어진 프로젝트의 건축가들은 저마다 파사드를 통해 마주한 건물 서로를 능가하고자 할 것이 확실하기 때문이다. 그래서 이 경우 모든 건물에 대한 전체적인 계획은 이른 시점부터 조화롭게 통합하는 효과를 달성해야 하고, 모든 것이 주요 건물의 효과에 순응하는 방식으로 완료되어야 한다. 주어진 계획안은 본질적으로 외부 요인에 의해 크게 변경되지 않고 실현되어야 한다. 실제 건설에서 제시된 가설은 다른 곳에서도 유용될 수 있는 중요한 지점을 가르쳐준다. 모든 양식 유형과 취향에 따라 건물을 지으며 아무도 이웃한 건물을 돌아보길 원하지 않는 오늘날, 양식적 문제는 아직 없던 좋았던 옛 시절처럼, 모든 건물이 서로 그리고 전체적으로 어울리도록 채워지는 것은 불가능하다. 이렇게 어려운 상황에 있어 단순히 건축주에게 몇 가지 규범을 서면으로 제공하는 것만으로는 충분하지 않다. 가장 특별한 아이디어는 아마도 가장 엄격한 규칙 내부에서 모습을 드러낼지도 모른다.

따라서 앞서 언급한 사례들도 계획안이 실현되는 방식은 마찬가지일 것이다(모든 것이 통합되는 전체 계획안이 외부 요인에 의해 크게 변경되지 않고 실현되는 방식). 사실 앞서 언급된 종합계획안 프로젝트는 이 연구의 틀 안에서 하나의 예시였다. 우리 시대의 예술적 도시설계와 그 과제는 학문적 이론보다 여기에서 더 쉽게 설명될 수 있기 때문이다. 예를 들어 슈바르첸베르크광장, 카를교회광장 Karlskirchenplatz 그리고 프라이하우스 Freihaus, 1850년부터 빈 교외 비덴에 계획된 주거단지로 새로운 도시설계와의 부조화로 인해 1937년에 철거됨 지역 계획과 마찬가지로 휘어진 빈 강의 범람(홍수) 문제와 같은 다른 규제의 문제들도 동일한 방식으로 다뤄져야 한다. 빈의 리니엔발 Linienwall, 빈 시내와 외곽 사이에 방어시설로 지어진 벽으로 19세기 중반 이후 도시가 팽창하고 군사적으로 점차 효용성이 사라져 19세기 후반부터 철거됨 부지나 다른 곳의 구획도 단지 기술적 측면이 아닌 예술적 측면이 우선적으로 다루어져야 한다.

한 가지는 확실하다. 오늘날 이러한 문제에 대해 우리는 수십 년 전보다 훨씬 더 큰 책임감을 가지고 접근하고 있다. 문제의 심각성이 증가할수록 우리는 이 분야에서 더 많은 경험을 얻게 된다. 수많은 나쁜 사례와 좋은 사례로 도시설계를 망친 자들은 이미 무거운 죄책감을 물려받았다. 그러나 오늘날에는, 도시가 갑자기 예상치 않게 성장하는 가운데 닥쳐왔던 공격들에 즉시 대처할 힘이 부족했던 수십 년 전의 문제들에 대해 서두를 필요가 전혀 없다. 더 큰 면적의 부지와 관련해 예술적 측면을 포함한 모든 것을 신중하게 고려하는 것은 오늘날 모든 전문가의 의무이며, 또한 도시확장 계획을 위해 여전히 널리 행해지고 있는 블록 격자 체계는 결국 남겨진 게으름뱅이들에게 던져두면 된다. 예술적 측면을 더 많이 고려하고 동시에 더 많은 공모 방식에 예술적 영향력을 끌어들인다면, 설사 고대인의 높은 이상에는 다다를 수 없더라도, 근 미래에 적어도 형태적 측면에서 몇몇 좋은 것들을 성취할 수 있을 것이다.

부록

대도시 녹지화

우리의 조상은 태초부터 숲에 사는 사람들이었다. 현재 우리는 블록주거에서 살고 있다. 이것만으로도, 먼지로 가득 찬 집 안에서 벗어나 자유로운 자연의 푸르름으로 나가고자 하는 거부할 수 없는 본능이 설명된다. 이는 자연에 굶주린 도시 거주자들에게 모든 나무들, 작은 풀밭, 화분이 왜 신성한 것인지를 설명한다. 그러한 일반적인 대중의 감정에 따라, 설령 도시개발에 필요하다고 해도 관목 한 그루라도 희생시켜서는 안 된다. 오히려 기존의 대지 위에 더 많은 녹지를 형성해야 한다.

대도시 내에 정원 가꾸기 협회와 화초 재배를 위한 여러 단체가 설립되고, 이에 대한 강연과 꽃 전시회에 수많은 사람들이 애정을 가지고 참여하는 것은 이러한 대중의 감정을 보여준다.

1890년대 초 프랑크푸르트암마인에서 도시경관미화협회가 결성되었고, 바로 꽃으로 장식된 발코니를 위한 경쟁공모가 발표되며 대중 앞에 모습을 드러냈다. 이 공모는 1895년까지 계속되었고,

종종 다른 도시에서도 이와 비슷한 경쟁공모를 벌였으며, 주거건물을 위한 꽃바구니가 공모 주제로 생길 정도로 세분화, 다양화되었다. 이러한 의미에서 함부르크에서의 성과는 널리 알려져 있으며, 이는 리히트바르크 Alfred Lichtwark, 독일 함부르크 태생의 예술사학자, 예술교육자, 박물관장 의 생동적이며 고무된 저서(『화초예찬-야생화 *Blumenkultus Wilde Blumen*』, 1897)에서 참고할 수 있다.

집 내부와 외부를 위해 꽃 장식이 있다면, 정원, 관목, 나무들은 도시를 위한 것들이다. 브뤼셀의 교외도시 생질 St. Gilles 의 고급 주거지역에서 건축주들의 공명심을 일깨우기 위해 가장 아름다운 빌라에 상을 수여하는 것이 괜찮다면, 같은 목적으로 도시 내 거리나 지역에서 가장 아름다운 전정에 상을 주지 못할 이유가 있을까? 눈에 띄는 특이점은, 예를 들어 빈 근처의 휴양도시인 바덴 Baden 의 전정에 있는 멋진 장미의 품종일 수 있다. 이 모든 것은 건강 개선의 효과가 있을 뿐만 아니라 예술적 측면에서 특히 높이 평가되어야 한다. 응접실이나 계단에서 꽃 장식을 제거하게 되면 건축, 벽화, 심지어 카펫과 가구의 효과도 상당 부분 사라진다. 엄격한 예술 형식과 자유로운 자연의 형식 사이의 대조가 만들어내는 유익한 효과가 상실되어 전반적으로 메마르고 단조로워진다. 아름다운 광장과 훌륭한 거리의 도시 경관도 마찬가지이다. 그렇기 때문에 건축가가 기념비적인 건물의 투시도에 나무와 관목을 포함시켜서 실패하는 경우는 거의 없으며, 예술 및 산업 전시회에는 정원사를 통해 전시 공간을 장식하는 것이 일반적이다.

도시건축가가 계획안 속의 거리 풍경을 생생히 만들기 위해,

수없이 쌓여 있는 집단주거의 부자연스럽고 획일적이며 압도적인 성격을 눈가림하기 위해 빼놓을 수 없는 자연경관 중 특히 중요한 부분을 잠시 언급하고자 한다. 바로 물이다. 물이 없으면 베네치아는 어떻게 되었을까? 만약 운하를 메우는 야만적인 프로젝트가 실현되었다면, 예술적, 정신적으로 고양된 베네치아의 영광도 함께 묻혔을 것이다. 도나우강 Donau 이 없는 부다페스트, 센강 la Seine 이 없는 파리, 알스터 Alster 호수가 없는 함부르크, 라인강 Rhein 이 없는 코블렌츠, 마인츠, 쾰른은 어떻게 될까? 작은 페그니츠강 Pegnitz 조차도 오래되고 장엄한 나무들과 함께 유서 깊은 뉘른베르크에 얼마나 훌륭하고 상쾌한 도시 전망을 제공하는가! 이미 대도시의 녹지에 수변을 추가하는 것은 도시설계의 통상적 표현 수법을 도입하는 데 있어서도 매우 중요하다는 인식이 퍼져 있다. 이는 '장식적 물'로 불릴 수 있다. 장식적 물의 사용은 이미 고대 로마 시대에 가장 높은 예술적 수준에 도달했으며, 로마제국의 발자취를 따라서 가장 위대한 양식의 예술을 사랑하는 교황이 있던 르네상스까지 이어졌다. 트레비분수 Fonta Trevi 를 본 사람은 그 강렬한 인상을 잊지 못하며, 파올라분수 Aqua Paola 의 물줄기 소리는 상쾌한 청량감을 불러일으킨다. 확실한 것은 로마에 대한 기억 속에서 수로와 기념비적 수문은 지워지지 않는 구성요소라는 것이다.

이 모든 것은 미학적 가치만이 아닌 순수 건강의 관점에서도 필수 불가결하다. 대도시의 넓은 미개발 지역이 수변 공간과 함께 있는 공원으로 사용되는 경우, 쾌적하게 호흡하기 위해 필수적인 대도시의 공기저장소 또는 폐로 불린다.

확실히 대형 임대주거 시설은 건강의 측면에서 넓은 외부공간을 배치함으로써 건물 사이에 쉼표를 제공할 필요가 있다. 그뿐만 아니라 쾌적하게 펼쳐진 자연 풍경을 통해 기분을 한층 더 좋게 만들기 위해서도 마찬가지이다. 이렇듯 대자연에 대한 의존이 없다면, 도시는 견딜 수 없는 지하 감옥이 될 것이다. 이러한 관점에서 대중의 다음과 같은 판단은 옳다. “자연은 많을수록 좋다.”

아쉽게도 이러한 원칙의 실현은 엄청나게 증가하는 비용과 건축부지의 지가 상승으로 인해 한계를 가진다. 더불어 특히 대도시의 중심에서 가장 진보된 교통수단으로도 해결할 수 없는 공간 확장의 측면에서 더욱 그러하다. 예를 들어, 몇 년 전 베를린과 같은 면적을 가진 부에노스아이레스에는 약 606,000명의 주민이 거주하고 있었고, 95%의 집들이 단층 건물임에도 작은 정원을 포함하고 있었기 때문에 매우 목가적이었다. 말하자면 폼페이와 같은 특성을 가지고 있지만, 이런 특성이 유럽의 도시에서는 활용될 수 없다.

따라서 이 특정 현안에 대한 도시건축가의 과제는 최소한의 비용과 공간을 사용하면서 동시에 가능한 최대의 위생 및 미적 측면의 성공을 달성하는 방식으로 시설들을 설계하는 것이다. 이러한 질문을 던지기 위해선 오직 전통에만 속하는 편견들을 조심스럽게 피해가면서, 풍경, 대도시의 녹지를 사용하는 개별 형식의 장단점을 정확하게 검토해야 한다. 이러한 검토는 본 논의가 균형을 가지고 한 방향으로 흐르도록 하려는 목적을 가진다.

여전히 상당 부분 통용되고 있는 편견을 언급하는 것에서 바로 시작하고자 한다.

인간과 동물이 산소를 들이마시고 이산화탄소를 배출하는 반면, 식물은 산소를 내뿜고 이산화탄소를 흡수한다는 사실은 이미 40년도 더 전에 발견되어 일반적인 상식으로 자리 잡았다. 그리하여 집회장, 학교 교실 등의 장소에서 많은 사람들이 함께 이산화탄소를 배출하면 주변에 축적되어 질식으로 사람이 사망할 위험이 있다는 것을 부인할 수 없는 듯했다. 특히 이산화탄소를 흡수하고 그 대가로 산소를 배출하기에 충분할 만큼 잎이 많은 식물이 없을 때 더욱 그러했다. 확실히 이산화탄소 공황장애가 발생했다. 한 사람이 시간당 35세제곱미터의 이산화탄소를 배출한다는 것도 고려해야 한다. 너무 끔찍하지 않은가!

교육부 당국은 아이들에게 필요한 산소를 만들어내고 과도한 이산화탄소를 제거하기 위해 교실에 가능한 한 잎이 많은 식물을 설치하라는 행정명령을 모든 초등학교에 발표했다. 푸흐너 Puchner 의 보고서에 따르면 산소 미식가는 하루에 몇 시간 동안 화분들 사이에서 숨을 쉬었다고 한다. 이러한 움직임 속에서 오존이 동물 유기체에 미치는 영향에 대한 발견은 산소 숭배가 절정에 이르게끔 만들었다. 요양소는 주로 오존이 풍부하다고 추정되는 숲에 지어졌다.• 층고 높은 집들이 건설되고 모직의류 업체 Wollregime 의 대표 또한 이러한 경향에 합류했으며 (의류 소독효과를 위해 오존을 주입하는) 오존 램프가 발명되었다. 소위 오존 추종자의 모임은 매일 성장했다.

동시에 엄격한 과학적 연구는 조용하고 눈에 띄지 않게 진행되었다. 에버마이어 Ebermayer 교수(1885년 『산림 공기의 이산화탄소 함량에 대한 보고서』 작성)

• 최근에는 대기오염의 한 지수로 오존이 무조건 나쁘다는 인식이 퍼져 있지만 실제로는 농도, 사용처, 생성원리에 따라서 유익, 유해함이 구분된다. 물론 이 책이 출간될 즈음엔 덜 정교하고 맹신적인 오존 예찬이 있었다고 추측되며 저자는 이를 비판하고 있다. – 옮긴이 주

는 여름에 온전히 폐쇄된 대규모 산림단지의 공기는 외부 대기보다 이산화탄소가 거의 두 배나 풍부하다는 사실을 발견했다. 통풍이 적은 공기와 부패하는 낙엽층에서는 이산화탄소가 지속적으로 발생하기 때문이다. 1885년에 출판된 산림의 공기에 대한 연구서에서 에버마이어는 공기 중 이산화탄소의 함량 변동이 이전에 믿었던 것보다 훨씬 적은 0.025%에서 0.036% 사이에 불과하다고 밝혔다. 측정 기기가 민감할수록, 연구에 포함되는 공기의 양이 많을수록 차이가 작아지는 것으로 나타났다. 파리, 런던, 제네바, 팔레르모, 맨체스터 등에서 조사한 결과 놀랍게도 같은 결과가 나왔다. 대도시에서도 이산화탄소의 함량은 예외적으로 0.035%에 불과하다. 산림 공기의 이산화탄소 함량은 0.026%에서 0.036% 사이이다. 높은 산과 대양 위에서의 측정은 정확히 같은 수치를 나타냈다. 가장 순수한 시골의 공기는 0.033%이다. 다양한 관찰자들의 측정에 따르면 평균 이산화탄소 함량은 로스토크 Rostock, 독일 북부 메클렌부르크포어포메른주의 도시 의 경우 0.029%, 디에프 Dieppe, 프랑스 북부 센마리팀주의 도시 의 경우 0.0296%, 오방 Aubin, 프랑스 남부 아베롱주의 도시 의 경우 0.029%, 장블루 Gembloux, 벨기에 왈롱나뮈르주의 도시 의 경우 0.0294%였다.

산소도 마찬가지이다. 공기의 산소 함량 변동은 크로이슬러 Ulrich Kreusler, 독일 태생의 농화학자 의 측정에 따르면 20.94%에서 22.88% 사이에 불과하며(『공기 중 산소 함량에 관해』, 1885), 헴펠 Werner Hempel, 독일 태생의 식물학자 및 교육자 교수에 따르면 20.877%에서 20.971% 사이에 불과하다.

따라서 공기의 구성은 좁은 경계 내에서 일정한 것으로 간주되어야 하며, 이를 위해 필요한 대기 내 극도로 빠른 평형 상태는 기체의 강력한 팽창에 기반한다. 이는 엄격한 과학적 연구의 결과이며, 성급하고 근거 없는 가설은 아무 소용이 없다.

숲 공기의 순도에 관한 세라피니 A. Serafini 와 아라타 J. Arata, 농업물리학 제15연구분과, 뮌헨 의 연구에 따르면, 때때로 숲 내부에서 외부보다 더 많은 박테리아와 미생물이 발견되는 것으로 드러났다. 숲 자체를 번식시킬 수 있기 때문이다.

따라서 식물의 성장을 건강 증진 효과와 연동시켜 보는 의견 전체는 제외되어야 한다. 이제 상상에 근거한 녹지의 공감적 효과만이 남게 되는데 결코 경시되어서는 안 될 것이다. 이른바 이러한 개입을 통해 거짓 증상을 보이는 환자뿐만 아니라 실제 환자들도 고칠 수 있다는 것은 잘 알려진 사실이기 때문이다.

자연에 대한 향수와 그리움으로 고통받는, 대도시로 인한 우울증 환자는 어느 정도는 거짓이지만 일부의 경우에는 실제 증상을 보인다. 일하고자 하는 모든 의지를 앗아갈 정도로 심각해질 수 있는 이 질병은 무의식적으로 많은 양의 산소나 오존을 흡입함으로써 치료되는 것이 아니라 녹지를 바라보고 대자연을 상상하는 것을 통해 치료된다. 도시설계 전문가는 이에 대해 고려할 수 있어야 하고, 당연히 고려해야 하며, 이때 비로소 문제를 해결할 수 있다. 숨 쉬는 모든 폐를 위해 일정 제곱미터 이상의 활엽식물 공간이 생성되어야 한다는 요구사항을 충족시키려면 모든 도시를 고급주거지역으로 만들어야 하지만, 사실상 녹색 잎사귀를 보고 있다는 단순한 상상만으로도 충분한 것이다. 정원 벽으로 거대한 나뭇가지를 늘어뜨려 골목 전체를 활기차게 만드는 한 그루의 나무, 찰랑거리는 소리가 들리는 분수 옆 광장의 한적하고 아늑한 모퉁이에 서 있는 거대한 보리수, 또는 우뚝 솟은 기념비적 건물의 측면 날개동 전면부에 낮게 깔린 잔디밭과 꽃들. 상상력이 엄청난 효과가 아닌, 단지 자극과 연결점만을 필요로 한다는 것은 널리 알려진 사실이다. 이젠 거의 사라진, 가장 저렴한 비용으로 매우 큰 결실을 거두는 한 그루 나무에 대한 모티브는 현대 도시설계에 있어 다시 한번 주목할 가치가 있다.

로마를 가본 사람들 중 어느 누가 라테라노대성당 근처의 거대한 야자수를 기억하지 못하겠는가? 고독한 나무지만 멀리서도 여러 거리를 통해 바라볼 수 있고 풍경의 수준을 높이는 한 그루의 야자수는 로마가 남부 도시임을 각인시킨다. 상상 속에서는 이 하나의 나무 기둥이 야자수 숲 전체와 같은 역할을 하기 때문이다. 수많은 거리 사진에서 모습을 드러냈던 이 야자수 한 그루가 사라진다고 생각해 보면 도시 풍경의 효과는 다양성 측면에서 상당한 손실을 입게 된다. 마치 햇살이 비치는 어느 날에 본 광장을 흐린 그다음 날 보는 것과 같은 느낌이다. 유명한 야니챠렌 플라타네 Janitscharen Platane, 콘스탄티노플의 오래된 나무 는 콘스탄티노플의 광장 내에서 동일한 역할을 수행한다. 그리고 오래된 도시의 보물이 현대 기하학의 칼날에 완전히 희생되지 않은 곳이라면 어디에서나 유사한 사례를 충분히 찾을 수 있다. 끝없이 성장하고 토지를 소비하는 도시 괴물이 아직 군중을 밀어내지 않은 곳에서는, 오래된 교회 옆 한적한 모퉁이에 오래된 밤나무가 서 있고 작은 마을 예배당이나 시골길의 추모비 위로 잎이 무성한 거대한 물푸레나무가 살랑거리는 소리를 내며 서 있다. 더욱이 큰 보리수나 안

마당 우물가는 여전히 대도시 여기저기에 보존되어 있다. 게다가 사냥터, 농장, 오래된 작은 저택들도 마찬가지이다. 오늘날 인구 수백만의 도시는 당시엔 아직 도심의 범위를 간신히 포함하는 작은 둥지나 다름없었다. 그러한 수목들은 민족 역사와 민족적 시정의 한 부분으로서, 실제로 궁정 시대에서 우리 시대에 이르기까지 모든 삶의 터전 속에 풍요롭게 자리 잡고 있다. 모든 시대 속에서 이렇게 뜻깊은 나무는 북유럽 에다 Edda 신화에 등장하는 세상을 떠받치는 나무부터 바그너의 작품 〈니벨룽의 반지〉 속 마법의 불 Feuerzauber 의 무대배경에서도 볼 수 있다.

이렇게 매우 시적인 문맥에서 배치계획에 대한 초라하고 무미건조한 질문으로 돌아가는 것은 쉽지 않다. 그러나 왜 이러한 대조가 왜곡되고 터무니없는 경계를 설정하는 것인가? 그 이유는 분명히 우리가 시대사조에 있어 앞서 있고, 도시설계 내에서 시정의 마지막 불꽃이 의도적으로 그리고 폭력적으로 소멸되었던 것으로부터 아직 완전히 극복하지 못했기 때문이다. 가장 일상적인 것을 숭고한 것으로 끌어올릴 수 있는 것은 상상력뿐이다. 아테네의 아크로폴리스에 있는 올리브나무는 다른 모든 나무들과 마찬가지로 완전히 평범한 올리브나무이지만, 시적 상상력이 이를 신성시하게 만들었다. 온 백성은 이 나무를 영혼의 필수적인 영양분으로 여기고 매 끼니처럼 부족할 경우 아무것도 할 수 없는 듯이 이 환상에 기꺼이 속아주었다. 이것이 시적, 환상적 의미 또는 오늘날 이야기되는 도시설계에서 '회화적인' 의미의 중요한 지점이다. 그러나 현재의 세계는 도시설계가 낮은 회화적 수준에는 도달할 수 있지만 높은 시적 수준에는 도달할 수 없다고 암묵적으로 시인한다.

그러나 도시설계의 순수한 '회화적' 측면, 끝없는 돌과 모르타르의 회색 육면체 속 상쾌한 녹지로서 나무의 역할에 대한 단순한 개념조차도 경직된 구식 건축학교의 도면 작성자들에게는 인정받지 못한다. 모든 아름답고 살아 있는 오래된 나무를 역사적, 예술적으로 유서 깊은 문화재와 같이 아끼고 거기에 적절한 환경을 가진 고유한 작은 광장을 만드는 배치계획을 수립하는 것, 또는 이 거대한 나무를 위해 한적한 광장의 한 모퉁이를 구부리거나 옆으로 밀거나 하는 계획 등의 모든 시도는 일제히 무자비하게 전멸되었다. 이는 현시대의 도시계획 규정에 의한 것이라고 할 수 있을 것이다. 멋진 나무들이 있는 오래된 분수, 값을 매길 수 없는 오래된 개인정원 유적, 푸른 덩굴이 있는 오래된 요새와 도시 성문, 그림처럼 아름답게 나무와 관목으로 둘러싸인 예배당 등 많은 선례들은 그늘에 훌륭하게 배치된 휴식광장과 더불어 도시 측량사가 직각자로 그린 동일한 너비와 직선을 가진 도로의 맨 처음 선을 통해 희생되었다. 대체 불가능한 손해는 바로 이러한 개별 지점들이다. 왜냐하면 자체적으로 점점 진행된 예술적이고 생생한 자생성은 대체될 수 없기 때문이다. 이에 대해 다음과 같은 단 하나의 규범만이 존재한다. 대체할 수 없는 이런 오래된 보물들은 어떤 대가를 치르더라도 보존되어야 하고 새로운 거리 풍경과 조화를 이루어야 한다. 국민 의식에 깊숙하게 자리 잡은 본 규범을 따르는 도시건축가는 시민들의 찬사를 받을 수 있다. 대중적 평가가 높은 많은 예들 중 하나는 잘츠부르크의 레지덴츠광장 Residenzplatz 그림 114 내 청사 건물과 대성당 옆에 줄지어 서 있는 오래된 나무들이다. 1860년대 후반 체스판 패턴에 기반한 도시확장 계획이 승인되었을 때 가장 먼저 일어난 일은 계획된 건물블록을 세우기 위해 수백 년 된 가로수를 쓰러뜨리는 것이었다. 아직 착공되지 않은 부지 내 나무 그루터기는 오늘날까지도 볼 수 있다. 부정적 여론으로 인해 국가에 귀속된 나무들은 정부청사 앞에서 다음과 같이 혼잣말을 한다.

> "가장 아름다운 나무들은 잘려 도시가 가져가고, 다시는 되돌리지 못해.
> 신께 감사를, 우리는 어리석기에, 이렇게 서 있을 수 있는 것이
> 미치도록 기쁘네!"

오래된 기존의 나무를 보존하는 것 외에도 새로운 나무를 심는 것 역시 분명히 도시건축가의 의무 중 하나이다. 보여준 바와 같이 이것이 가장 낮은 비용으로 최대의 효과를 달성하기 때문이다. 사안들은 전문적으로 다루어져야 한다. 기하학에 바탕을 두는 구식 건축학교의 도시 규제 담당자가 나무를 분수나 기념비처럼 정사각형 광장의 중심에 위치시켜야 한다고 알고 있다면, 이는 확실히 잘못되었다고 봐야 한다. 이런 식으로 세워진 나무는 당연하게도 엄격히 대칭으로 가지치기를 당하며 자라나며, 모든 부랑아들의 조롱을 참아야 한다. 누가 거기에 외롭게 세워진 벤치에서 쉬겠는가? 분주한 광장 중앙에서 사진촬영을 위해서 혹은 전시물과 같이 홀로 앉아 있어야 할 텐데 말이다.

아름답지 않음에도 광장 한가운데 있는 관목 그룹은 현시대의 기하학적 도시설계에서 여전히 사랑받는 모티브다. 소위 바다 한가운데의 구명보트 위에 서 있는 것처럼, 특히 별 모양의 광장 위에

그림 114 잘츠부르크의 레지덴츠광장

는 필수적으로 가스등과 더불어 종종 외로운 한 그루의 나무 또는 아름답게 가지치기된 피라미드 형상의 관목이 있으며, 심지어 관목 한가운데가 두드러지도록 가스등을 두는 경우도 있다. 말도 안 되는 일이다!

보다시피 문제는 실제로 매우 간단하게 해결된다. 그러한 나무 또는 관목의 개별 그룹은 분수와 기념비처럼 광장의 가장자리, 교통의 사각지대, 한적한 모퉁이에 어울린다. 광장과 녹지의 통합은 광장에서 분수나 기념비가 통합을 이루는 것보다 더 어렵다. 분수나 기념비는 사용된 재료와 건축적 형태로 인해 주변의 건축적 환경과 쉽게 일관적으로 결합될 수 있기 때문이다. 이러한 종류의 수목의 경우 건축적 근접성을 갖는 것이 중요한 요건이 된다. 이를 위해서는 무엇보다도 식물 자체가 예술적으로 가치 있는 건축물이나 조각, 문, 돌출형 창문, 벽감 작업, 파사드, 모자이크 등을 가리지 않아야 한다. 또한 음악에서도 성격이 아예 다른 화음이 조화로운 이행부를 통해 결합되는 것처럼, 식물 형상도 건축으로의 점진적인 전환이 필요하다. 건물뿐 아니라 나무와 관목 모두의 외곽선이 조화를 이루도록 하고, 자연과 관련하여 정원이나 시골에서 보던 작은 건축 형태를 적용하는 것이 좋은 수단이 될 수 있다. 실제로 수목과 어울리는 사물들은 다음과 같다. 돌바닥 위 또는 지주 옆의 격자, 받침대 위의 돌 화병, 인공 암석 등으로 만들어진 작은 분수, 조각품, 장식적 정원 건축 전체, 더불어 (카페 파빌리온, 소다수 오두막, 광고기둥, 주차장 등과 같은) 몇몇 대도시의 모티브들, 또 다른 많은 것들이 있다. 가능한 한 모든 변형들과 결합되어 도시건축가가 회화적 효과와 더불어 공공 생활에 실질적 가치가 있는 아주 다양하고 새로운 것을 늘 제공할 수 있는 모티브는 충분하다.

도시설계의 세부사항에 대한 제안은 가장 최근에 상세히 만들어진 배치계획에 적용될 수 있다. 예를 들어 헤르셔 L. Herscher 는『독일건축신문』1899년 3월 8일자에 이러한 방향에 대해 서술적으로 제안했다. 그는 보도를 넓히고 트램 정거장을 적절하게 설치하고 나무, 분수, 휴게소, 광고기둥과 연계시키는 것을 목적으로 거리 모퉁이를 계획할 것을 제안했다.

> "여기 단일 나무 혹은 작은 나무와 관목의 모티브에 대한 가장 중요한 것들이 제시되었다. 한 그루의 나무 모티브와 정반대의 아이디어가 가로수길의 모티브로 구현되었다. 바로크 양식 궁전건물의 정문으로 이어지는 진입로의 장엄한 원근효과를 위한 순수 바로크 양식의 아이디어. 시골길에서 온 진짜 장인의 아이디어."

(한 그루의 나무이건 가로수길의 아이디어이건) 두 경우 모두 포플러나무는 거의 항상 심기로 선택되었으나, 우리의 대도시 가로수길에서는 한 번도 선택된 적이 없다. 모든 가로수길은 지루하다. 그럼에도 그 길 덕분에 끝없이 이어진 집들은 지속적인 단조로움에서 탈피할 수 있다. 하나의 큰 전체를 구성하며 방향성을 구축하기 위해서는 상상할 수 있는 모든 형식이 필요하기에 대도시에서 가로수길은 필수 불가결하다.

현재 기하학적 도시설계의 방향은 고유한 의미가 담긴 모티브를 절반도 제대로 사용하지 못할 만큼 그 능력을 보여주지 못하고 있다. 사람들은 지나치게 넓은 순환도로와 대로만을 가정하고 끝없이 이어지는 듯한 가로수길을 만들었다. 이것이 그들이 가진 지혜의 전부일 뿐이다. 그러나 가로수길은 도시건축가의 노력이 향해야 하는 것과 정확히 반대의 방향에 있다고 할 수 있다. 왜냐하면 최대 비용으로 최소의 성공을 달성하는 실상을 쉽게 보여주고 있기 때문이다. 수목 간의 평균 거리를 7미터로 계산해보면, 주요 도시의 순환도로 또는 대로의 평균 길이가 4,200미터(빈 순환도로는 약 3,000미터, 쾰른의 순환도로는 약 4,000미터, 파리의 대로는 3,000미터에서 7,000미터 사이)이니 도로 좌우편에 대략 2,400여 그루의 나무를 제공하는 셈이다. 도로를 따라 길게 흩어져 있지 않았다면, 이 나무들은 거의 숲 전체를 이룰 것이다. 이런 식이라면 확실히 두세 군데의 도시 공원을 양적으로 완전히 채울 수 있다. 이렇게 공원은 휴식, 안정, 신선한 공기, 그늘을 찾는 도심 거주자, 놀이터를 필요로 하는 어린이들이 찾는 장소가 될 것이다. 더불어 산책로로서도 자동차의 덜컥거림, 차량의 교차로, 바람과 먼지구름으로 뒤덮인 주요 도로 한가운데의 가로수길과는 완전히 다른 성공을 거둘 것이다. 산책하는 사람들은 휴식을 위해 소음과 먼지가 없는 장소를 찾기 마련인데, 어떻게 가장 큰 소음과 먼지의 한가운데에 위치한 차량 도로가 그러한 길을 제공할 수 있겠는가? 예를 들자면 실제로 빈에서 저녁 산책 행렬은 링거리를 따라 이동하지 않고 주택가의 나무가 없는 포장된 보도를 따라 움직인다.

이러한 가로수길을 만들고 유지하는 비용이 도대체 얼마인가! 가로수길의 가련한 나무들은 항상 저절로 병들고 정화조에 고인 물로 인한 뿌리역병으로 고생한다. 왜냐하면 잎사귀가 항상 거리의 먼지로 뒤덮여 있기 때문이며, 거리의 높은 주거건물의 그늘에 늘 가려져 낮 동안에 직접광을 받지 못하기 때문이다. 햇빛의 부족 또는 풍요로 인한 결과는 동서로 뻗은 모든 가로수길에서 두드러지게 나타난다. 햇빛을 잘 받는 북측의 가로수는 건물의 그늘 아래 있는 남측의 가로수보다 더 높은 키, 더 무성한 잎사귀, 더 두꺼운 줄기를 가진 것을 볼 수 있다. 완전히 죽어버린 나무들의 교체는 햇볕이 잘 드는 쪽보다 없는 쪽에서 훨씬 더 많이 필요하다. 계속해서 나무를 심는 것은 도시 정원사로 하여금 항상 예산을 걱정하게 만든다. 수목의 병원 같은 이 모습은 너무나 비참하다. 가을에 가장 먼저 마른 낙엽이 지는 나무는 도시의 가로수이다. 건강한 녹색은 결코 가로수의 색이 아니다. 겨울철 서리는 (낙엽으로 인해) 눈이 덮이지 않은 땅을 얼리기 때문에 가로수의 파괴자이다. 또한 토양에 악영향을 미치는 조명가스 배관 유출의 원인이다. 베를린에서는 이에 대비하기 위해 점토층, 섶나무 다발과 화분이 수목 구덩이를 덮는 데 사용되며, 구덩이 하나당 40마르크의 비용이 든다. 빈의 경우에는 링거리 내 가로수들이 뿌리 역병으로 너무 많이 희생되었기 때문에, 뿌리가 더 자연스럽게 퍼질 수 있도록 두 개 이상의 개별 구덩이를 연결했다. 이렇게 분명한 사실에 따라 모든 나무가 길의 한쪽으로 통합되어 햇볕이 잘 드는 쪽에 배치되고, 나무 그룹이 더 크고 조밀하게 뭉쳐 있으며 통풍이 잘되는 부식토로 덮여 있다면 더욱 좋을 것이다. 만약 시 당국이 허용할 경우, 정확히 이쪽에 전면 정원을 배치할 수도 있다. 반면 그늘진 반대편 쪽에는 나무를 심어서는 안 되며, 이곳에는 양방향의 트램 철로 혹은 마찻길을 놓아야 한다. 교통과 수목의 분리를 통해 두 부분 모두 다양한 거리 풍경을 얻게 된다. 그뿐만 아니라 한편으로는 닫혀 있고 다른 한편으로는 열린, 가시적인 건축 조형을 보여줄 수 있으며 사용 가능한 모든 녹색들이 훨씬 더 강력한 전체 효과로 통합된다. 근래의 모든 잘못된 도로 배치는 식물이 어떻게 성장하는지도, 빛과 태양에 대해서도 고려하지 않고 대칭의 원리에 따라 모든 도로를 도면 위에 배열했기 때문이라는 것을 분명히 알 수 있다. 다행히 최근에는 이곳에서도 이전의 경험들을 활용해 가로수길의 자연스러운 배치를 만들어냈다. 1880년에 출간된 드룸 Joseph Drum 의 『도시설계 핸드북』(4부 9권)에 실린 그림107에서 216까지의 거리 종단면도에는 다소 대칭적인 가로수 열만 선보인 반면, 건축위원인 겐츠메르 E. Genzmer 의 작업인 『도시적 도로와 광장의 식목』에는 다음과 같이 주목할 만한 문장들이 있다. "거리에는 나무를 심어야 하지만 비용을 이유로 전부 채워서도, 너무 많이 심어서도 안 된다. (…) 다양성을 이유로 도로, 인도 및 가로수길은 항상 동일한 형식에 따라 항상 일렬로 세우지 말고, 변화 있는 배치를 이루어야 한다." 큰 진전은 이미 이루어졌다. 그러나 최종 결정은 학문적 토론의 영역이 아니라 실행의 영역 속에 있다. 경험에 따르면 각각의 사례마다 고유한 특성이 있으며, 이미 하던 대로 판에 박은 듯 해결해서는 안 된다. 오직 건강하고 비판적인 탐구의 의지만이 도시건축가를 낡은 틀에서 해방시키고 편견에 얽매이지 않은 채 생각하고 설계하도록 할 수 있으며, 이 해방을 통해서만 건축가와 건축주 모두에게 이로운 결과를 얻을 수 있다.

소위 광장은 대도시의 거리와 매우 비슷한 상황이다. 대지와 지면의 설계는 잘못되었다. 목표했던 성공은 이루지 못한 채 훨씬 더 많은 투자금액만 먹어 치울 뿐이다. 실수는 다시금 현시대의 기하학적 배치계획에서 전형적으로 나타나는 격자 블록 체계에 있다. 먼저 단일 개발지구가 체스판처럼 직선적이고 평행한 거리에 의해 건물 블록으로 깨끗하게 분할된 다음, 공공정원이나 놀이터를 원할 경우 하나 이상의 블록을 채우지 않은 상태로 놔두고 품위 있는 조형을 위해 도시 정원사에게 넘기면 광장은 완성된다. 그렇지만 이러한 간단한 방법에서는 정원이 둘러싼 도로 전체에 그대로 노출된다는 사실이 전혀 고려되지 않았다. 여기에 바로 본 배치의 심각한 결함이 있다. 왜냐하면 바람이 거리의 모든 먼지를 휘젓기 때문인데, 이야말로 대도시 삶의 가장 끔찍한 재앙이다. 특히 많은 경우와 같이 더 작은 규모로 설계된 광장들은 정원을 가로지르는 마차의 덜컹거림과 거리의 다른 소음으로 가득 차게 된다. 그러한 도시정원은 세대를 아우르는 쉼터로 전혀 적합하지 않다. 겨울의 살을 에는 듯한 눈보라와 여름의 뜨거운 태양과 먼지구름으로 인해 실제로 아무도 방문하지 않는다. 반면 어느 곳에서든 훌륭한 사설정원이 대중들에게 공개되면 휴식이 필요한 사람들로 가득 찬다. 이러한 옛 정원은 사방이 닫혀 있고 탁 트인 도로와는 어디에서도 맞닿지 않기 때문에 바람과 먼지가 없으며 마음을 진정시키는 평온한 고요가 있다. 이것, 오직 이것만이 옳은 방법이며, 파생되는 규칙은 다음과 같다. 놀이터와 공공정원은 열린 도로와 맞닿아 있으면 안 된다.

재정적 측면을 고려할 때도 동일한 규칙이 적용된다. 잘 알려진 바와 같이 우리 대도시 내 건축부지의 가치는 어마어마하게 치솟았고, 그만큼 (건축행위를 위한) 부지의 입지와 규모는 더욱 유리해진다. 동일 면적 대비 도로와 더 길게 인접한 건물부지의 경우, 지어질 건물은 더 많은 수의 가로측 창과 더 적은 수의 안뜰 창으로 인해 동일 건축비로 더 비싼 이자율의 주택이 된다는 점에서 더 높은 지가가 형성된다. 빈 도심의 여건에 따라 건축비와 이자 수익률을 구체적으로 계산한 결과, 인접한 두 개의 동일한 직사각형 형태 부지의 가치가 도로에 인접하는 길이가 짧았을 때는 100,000크로네, 그보다 두 배로 길었을 때는 140,000크로네 안팎이었다. 이는 건축부지의 면적과 관련해 인접도로에 접한 길이가 얼마나 중요한지를 나타내며, 최소한의 건축 면적으로 도로에 접한 건물 면적을 최대한으로 만들어 내는 도시건축가는 경제적으로 가장 유리한 건물블록의 분할을 달성하는 것이다. 특히 사용 불가능한 부지가 최소화될 경우, 부지에 인접한 도로면의 유지보수 비용도 최소화된다. 건축선을 세심히 다루지 못하는 자는 수십만 크로네 혹은 더 큰 부지일 경우 수백만 크로네의 건물 가치를 낭비하게 될 것이다. 이러한 관점에서 볼 때 광장과 도시공원에서 수 킬로미터의 귀중한 거리를 쓸데없이 낭비하고, 이에 더해 (인접도로가 길어진 만큼) 주정차가 가능한 영역을 표시하는 비용까지 더해지는 프로젝트는 무슨 말이 필요할까?

특정 시대에 한 지역에서 관습적으로 행해지는 것에 저항하는 게 얼마나 힘든 일인지 놀랄 수밖에 없다. 정원이 거리를 향해 열려 있어야 한다는 개념은 오늘날 너무 흔한 일이라, 옛 사람들이 더 나은 것들을 만들겠다는 열정으로 가능한 한 높은 벽(보통 높이 4-5미터)을 세우고 그 안에 나무 대열과 울창한 관목을 심어 소음과 먼지가 가득한 거리에서 세심하게 분리시켜 놓은 오래된 정원이 있으면, 그곳이 어디라도 모든 수단을 동원해 이 벽을 허물고 통풍이 잘 되는 창살로 교체하고 만다. 빈에서 몇 년 전에 일반에 공개된 에스터하지 Esterhazy 정원에서 이런 일이 실제로 벌어졌다. 그 결과 엄청나게 큰 손해를 입었으며, 이전의 평온함과 고요함은 사라졌다. 이러한 나쁜 경험에도 우리는 곧 다음과 같은 신문의 헤드라인을 읽을 수 있다.

> "호이골목 Heugasse, 빈에 위치한 골목, 현재는 오이겐왕자거리(Prinz Eugen-Straße) 의 미화.
> 호이골목에 위치한 슈바르첸베르크 정원을 따라 서 있는 오래된 벽은 우아한 창살로 교체될 것이다. 시청은 정원 건너편의 주택 소유주와 새 창살 건설비용의 분담금 지불에 대해 협상할 예정이다."

다행히 이는 실현되지 않았으며, 호이골목의 혼잡한 교통상황으로 인해 거의 눈에 띄지 않는 정원의 고요함은 당분간 유지될 것이다. 그럼에도 너무 많은 시간, 노력 및 돈이 오래되고 좋은 시설을 현대적이고 나쁜 시설로 바꾸는 데 들어간다! 더욱이 오래된 성벽은 고대 이탈리아의 기념비적 성격을 가지며, 높이 솟은 나무 꼭대기는 거리로 이어지는 보도 너머 멀리 떨어져 있어 녹지 전망으로도 부족하지 않다. 그러나 이 모든 것이 무슨 소용이 있는가? 예전의 좋은 모티브는 더 이상 사람들의 이해를 받지 못하고, 큰 대가를 치르며 유행의 희생양이 되고 마는 것이다.

그러나 거리를 서둘러 지나치거나 근래에 만들어진 우아한 창살을 흘끗 쳐다보지도 않는 사람, 평온과 휴식을 누리기 위해 보호되고 닫힌 공간을 찾아 몇 시간이나 머무는 수많은 방문객보다 이러한 정원에 대해 더 많은 권리를 가지는 자는 누구인가?

도시광장뿐만 아니라 더 큰 규모의 도시정원 또한 고유한 효과를 갖기 위해 주위가 광장 벽으로 닫혀 있어야 한다는 것은 의심할 여지가 없다. 정원 노출에 대한 현시대의 집착은 오래된 대성당이나 도시 대문을 전부 열어젖히거나 오래된 광장 벽을 모두 허무는 것만큼이나 심각한 실수이다. 어떤 도시설계이든 교외의 상태를 살펴보면, 몇 개의 좁고 긴 중심 도로에만 연결되도록 지어진 비교적 큰 건물블록을 도처에서 찾을 수 있다. 이에 비해 광범위하게 펼쳐진 내부 연결 구조를 가진 오래된 주택의 정원은 현저히 큰 볼륨으로 서로 결합된다. 여기서는 거리 소음도 들리지 않고, 조용하고 먼지도 없고, 공기도 좋으며 주택 소유자뿐만 아니라 세입자들도 적은 임대료 상승만으로 아침과 저녁 식사를 위한 공간을 가질 수 있다. 여기에서 사람들은 대도시의 소음에서 벗어나 마치 시골과 같이 신선한 공기, 좋은 채광, 햇살을 누릴 수 있고, 녹지 전망이 펼쳐진 중정 그리고 작업실에서 지적인 작업 또는 수작업의 일들을 하며 지낸다. 밖의 도로에서 바라볼 때 아무것도 눈치 챌 수 없는, 말하자면 대도시 속 녹지라 할 수 있다.

그러나 전 국민의 건강과 노동력 증진에 있어서도 매우 중요한 인근의 주거 내 정원들은 현재 모든 곳에서 사라지고 있다. 모든 곳들이 사방에서 건물투기와 부지매입을 일삼는 업자들에 의해 압수당하고, 도로로 인한 분할이 이루어지고 있다. 지역별 건축규정에서 허용하는 최소한의 중정만이 있는 고층 주거시설, 숨 막히는 공기로 가득 찬 거실과 작업실 안에서 하인과 노동자들은 하늘을 거의 보지 못한 채 일과를 보내야만 한다.

이러한 불행하고 불합리한 상황은 법적 처분에 의해서만 막을 수 있다. 건물투기 업자들이 이와 같은 부지를 사용해 이익을 얻는 한 결코 자발적으로 포기하지 않을 것이기 때문이다. 모든 곳에서 법적 규정은 구획을 승인하지 않거나 건설을 금지함으로써 더 큰 건물블록 내부의 순환체계를 보호하기 위한 것이다. 함부르크는 현재 소위 내부 건축선의 도입을 통해 이론적으로는 물론 실질적으로도 이러한 건강한 노력에 있어 가장 앞서 있다. 이 유익한 제도를 도처로 확장하는 것이 바람직할 것이다. 개발되지 않은 상태로 남아 있는 더 큰 건물블록 내부의 공간들을 가능한 한 대중에게 공개하는 것 또한 마찬가지로 장려해야 한다. 저자는 이미 실행 중인 모라바오스트라바 Morava-Ostrava, 체코 북동부 모라바슬레스코주의 주도 에 대한 도시설계에서 이러한 의미를 담은 전체 도시설계를 세우고자 했으며, 아직 작업 중인 치에신 Cieszyn, 폴란드 남부 실롱스크주의 도시 과 올로모우츠 Olomouc, 체코 동부 올로모우츠주의 도시 의 배치계획에서도 선행했다. 건물블록 내의 확장된 내부공간은 처음에는 공공정원과 어린이 놀이터, 그 후에는 체육관과 자전거 도로, 아이스스케이트장 등으로 사용되었다. 그리고 닫힌 구조를 가진 아름답게 치장된 주택의 아트리움 내에 노천시장, 과일시장 등을 마련하고자 시도했고, 이를 위한 필수적인 출입구, 아치 형식의 통로, 중정 내 크고 오래된 보리수 옆의 가축용 수통, 관련 검사실, 직원실 및 기타 부속실로 인해 독특한 해결책이 만들어졌다. 마지막으로 대규모의 비워진 내부공간은 운송 목적 또는 특수 산업용 또는 기타 용도로 사용되었다. 도시설계에 이 모든 것들이 제공되지 않는다면 도처에 공간이 부족해지며 커다란 전차, 자동차 그리고 포장된 화물들이 도시

내 가장 우아한 영역의 교통을 차단하는 것을 볼 수 있을 것이다. 모든 곳에 이용할 만한 중정 공간이 부족하기 때문이다. 물이 풍부한 분수, 나무, 관목들은 사방에 흩어져 존재할 수 있으며, 이에 대한 국민적 의식은 풍부하기 때문에, 기꺼이 받아들이기 위해 무엇이 필요한지에 대한 실현적 측면만이 중요할 뿐이다.

지금까지 논의한 결과 대도시의 모든 녹지는 완전히 다른 효율성과 완전히 다른 사용 방식으로 분명하게 두 그룹으로 나뉘는데, 소위 '위생적 녹지'와 '장식적 녹지'이다. 위생적 녹지는 거리의 먼지와 소음 한가운데에 있지 않고, 주위에 지어진 큰 건물블록이 둘러싸고 있어 보호를 받는 내부에 위치한다. 빌라나 별장 구역과 같이 대규모 면적일 경우에만 도로에 맞닿는 것이 용인된다. 교통의 영향을 거의 받지 않아 끊이지 않고 연결된 수목들이 있는 도시 영역은 의심할 여지없이 위생적 녹지 그룹에 속한다. 이제는 도로배치와 토지분할 등으로 인해 녹지의 이러한 구분에 대해 말할 수 없게 되었다. 풍요로운 녹지는 아름다움도 오류도 드러내지 않는 방식으로 잘못된 배치계획의 형태도 온화한 관용의 망토로 가려준다. 당신이 이에 대해 어떻게 대응할지는 그리 중요하지 않다. 결과는 항상 동일하다.

위생적 녹지와 상당히 대조적으로 장식적 녹지의 위치는 장식적 물과 긴밀하게 연결되어 거리와 교통광장으로 한정된다. 교통의 중심지점에서 가능한 한 많은 사람들이 봐야 한다는 목적만을 가지기 때문이다. 이보다 더 큰 대조는 상상할 수 없을 정도이다. 장식적 녹지의 경우 가능한 모든 환상적인 효과를 계산할 수 있다. 반면 위생적 녹지의 경우 먼지나 바람으로부터의 자유, 거리의 모든 소음으로

부터의 평화와 고요, 여름철 그늘의 시원함과 같은 유형적 가치를 제대로 성취해내는 것이 중요하다. 누군가에게는 가치 있는 것이 다른 사람에게는 중요하지 않을 수 있으며, 그 반대도 마찬가지이다. 즉 이 두 가지 유형의 도시 속 녹지의 본질을 파악하고 구별하는 도시건축가만이 개별 사례에 적합한 해결책을 찾을 수 있다.

이러한 관점에서 볼 때 현재의 관습적인 거리 형태는 지양해야 하며, 배경으로 밀려나버린 개별적인 나무와 덤불 그룹들은 전면에 배치해야 한다.

콘스탄티노플의 위대한 선례를 통해 이를 명확히 할 수 있다. 그곳에서는 녹지를 대규모 건물에 통합한 탁월한 예를 찾을 수 있다. 도처의 녹지가 시장, 집들과 얽혀 있어 항상 열린 자연 속에 있는 것처럼 느껴지며, 모든 곳에서 광장과 거리 풍경에 녹지가 순응하여 완벽하게 조화를 이룬다. 현재 우리의 가로수길처럼 기념비적 건물을 향한 자유로운 조망을 방해하고, 가로수 식재와 유지비용을 발생시키는 곳은 없다. 이러한 기적은 어디서 오는가? 단순히 말해 항상 자연에서는 도처에 녹지가 있었으며, 방해가 되는 부분은 제거되었으나 남아 있는 곳은 모두 자연스럽고 흠잡을 데가 없기 때문이다.

전체적 효과는 거의 마법에 가깝다. 고대 아테네, 로마의 전체적인 효과는 분명히 그러했다.

왜 우리 현대인들은 더 이상 이러한 영광을 만들지 못하는가?

오직 가로수길의 형태만으로도 우리의 취향에 반하는 맹렬한 고발이 된다. 특히 대도시에서 열린 자연을 떠올리게 하려는 목적으로 자연스러운 형태의 나무를 같은 크기로, 수학적으로 정확한 거리를 두어 왼쪽만큼 오른쪽으로 간격을 가지고, 기하학적 직선으로 뻗은 길을 따라 거의 끝없이 이어지게 배치하는 것보다 더 어리석을 수 있을까? 말 그대로 지독한 지루함으로 인해 멀미가 날 지경이다. 이것은 기하학을 준수하는 도시건축가의 주요 '예술 형식'이다!

콘스탄티노플에는 단 하나의 가로수길도 없다는 것 또한 중요하다. 대조적으로 기념비적 분수가 많이 있는데 그중 새로운 술탄이 기증한 것으로 알려져 있는 분수는 특히 유명하다. 여기에 예술적으로 추구해야 할 제대로 된 선례가 있다. 오늘날 우리는 이미 이러한 종류의 개념을 가지고 있지만 불행히도 아직까지는 그리 빈번하지 않다. 뮌헨에 있는 힐데브란트성 Hildebrandt 의 기념비적 대형 분수를 예로 들 수 있다. 예술적 조합에서 장식용 물과 장식용 녹지를 사용하는 것의 중요성에 대해 결정권자 그룹의 관심을 끌기만 하면 된다. 적절한 해결책을 찾을 수 있는 예술가들은 부족하지 않고 이에 대한 비용은 적절하지 않겠지만, 값비싼 가로수길과 광장에서 충분히 회수될 수 있다.

그래서 전체적으로 도시설계가 올바르게 이해된다면, 단지 기계적인 사무작업이 아니라 영혼이 담긴 예술작품이라는 것을 알 수 있다. 곧 도시설계가 실제로 모든 것을 저울질하는 위대하고 진정한 대중예술이라는 것이 여기 다시 드러나게 될 것이다. 이는 모든 시각예술을 우리 시대의 위대한 국민적 예술작품으로 승화시키기 위한 대중적 통합이 충분치 않다는 사실에 비출 때 더욱 중요하다.

옮긴이 후기

『예술적 원칙에 따른 도시설계 *Der Städtebau nach seinen Künstlerischen Grundsätzen*』는 오스트리아 태생의 건축가, 도시계획가이자 이론가인 카밀로 지테 1843-1903 의 저서로, 부제는 "빈과 특정한 관계가 있는 건축 및 기념비 조각의 현대적 질문들에 대한 문제 해결을 위한 논문(zur Lösung moderner Fragen der Architektur und monumentalen Plastik unter besonderer Beziehung auf Wien)"이다. 광장을 중심으로 한 역사적 도시의 다양한 사례 분석과 19세기 유럽 내 도시설계 및 확장계획들의 명암에 대한 정확한 파악을 바탕으로 더 나은 방향을 모색하는 도시설계 이론서의 수작이다.

먼저 제목과 본문 내 'Städtebau'를 '도시계획'이 아닌 '도시설계'로 번역한 이유에 대해 간단히 설명하고자 한다. 일반적으로 '도시계획'은 도시에 관한 모든 종류의 계획들을 아우르는 표현으로 볼 수 있다. 하지만 최근에는 한국에서도 원서의 언어 독일어 권 나라들처럼 '도시계획'은 용도나 기반 시설 등 거시적 요소들에 초점을 맞춘 계획을, '도시설계'는 특정 구역의 건물의 유형이나 외부공간에 대한 좀 더 입체적이고 상세한 계획을 지칭할 때 각각 구분해 사용하는 경향을 보인다. 카밀로 지테가 이 책에서 다루는 주제는 도시설계의 영역에 좀 더 초점을 맞추고 있다고 판단했기에 'Städtebau'는 대부분 '도시설계'로 번역했으며, 문맥상 명백히 일반적인 의미로 이해되는 때에만 '도시계획'으로 번역했음을 알려둔다.

카밀로 지테는 1843년 4월 17일 빈에서 건축가 프란츠 지테의 아들로 태어났다. 프란츠 지테는 바트 뵈슬라우 Bad Voslau 의 시교구교회 Stadtpfarrkirche 건축 등 뛰어난 작업을 남겼으며, 카밀로 지테는 젊은 시절에 아버지의 건축사무소에서 일하며 중요한 건축적 경험을 쌓을 수 있었다. 이후 빈공과대학교의 하인리히 폰 페르스텔 하에서 건축을, 빈대학교에서 고고학, 해부학, 미술사를 전공했다. 졸업 후에는 다시 부친의 사무소로 돌아가 파트너 건축가로 재직했으며, 1875년 잘츠부르크시립직업학교의 초대 학장으로, 1883년 빈시립직업학교로 옮겨 다시 학장 1889년 으로 부임해 교육자, 이론가로 직업적 영역을 자연스럽게 확장했다. 동시에 프리보즈 Přívoz, 체코공화국 오스트라바 시의 한 구역, 류블랴나 Ljubljana, 슬로베니아의 수도 와 같은 유럽 중소도시들의 지구단위계획 참여 그리고 뮌헨 München 도시확장계획의 심사위원과 같이 도시계획가로서 다양한 역할을 맡았으며, 1901년에는 베를린에서 테오르트 괴케와 함께 관련 분야의 월간지인 『도시설계 *Der Städtebau*』를 창간하기도 했다. 이러한 학술과 실무 간의 폭넓고 균형 잡힌 경험들이 도시설계를 종합적 예술로 바라보는 그의 사고 형성에 결정적인 요인으로 작용했음을 짐작할 수 있다.

카밀로 지테가 본격적으로 활동한 19세기 후반 유럽에서는 급격한 산업발달과 제국주의를 원동력 삼아 대규모의 도시개발과 확장이 이루어졌다. 정사각형이나 원형의 형태를 가진 광활한 광장, 대규모의 중심도로, 확장이 쉬운 격자체계 등과 같이 기능적 측면만을 우선시하는 도시설계 방법론은 급속히 퍼져나갔지만, 역사 속에서 오랜 시간 사람들에게 이용되어온 도심 속 공용공간과 시설들은 구시대의 산물로 점점 사라져가고 말았다. 그러나 도시설계에 있어 새로운 것 지테의 시대에는 강력한 도시설계의 수단으로서 기술 의 우월함이 다른 모든 것을 전복시킬 수 있다는 맹목적 사고방식이 가진 한계는 명확하다. 도시는 필요할 때 사서 쓰고 버리는 제품이 아닌 한 장소 위에 사람들의 유구한 삶이 쌓이며 형성된 환경 그 자체이기 때문이다.

카밀로 지테가 이 책에서 제기한 근본적인 물음은 "도시설계에서 실용적 측면과 예술적 측면은 어떻게 화합될 수 있는가?"로 이해할 수 있다. 그는 19세기 후반에 나타난 도시와 이전의 역사적 도시의 모습을 비교하는 가운데 답을 찾아가고자 했다. 외부 공용공간, 특히 광장을 중심으로 고대, 중세, 르네상스를 지나 바로크에 이르기까지 다양한 시대 속 도시들의 연구를 통해 건물과 외부공간의 형태 그리고 둘 사이의 관계가 만들어내는 효과를 섬세하게 짚어내고 현대의 도시체계에서도 적용할 수 있는 도시설계의 예술적 원칙들을 정립한다. 이 과정에서 첨부된, 주로 흑백의 단순화된 배치도로 표현된 다양한 도시의 사례들은 본 이론서가 높은 설득력이 있도록 도울 뿐만 아니라 연구가 아닌 그저 즐기기 위해서라도 직접 찾아가고 싶은 마음이 생기게 하는 매력을 가진다.

19세기에 실현된 도시들의 대표적 문제점과 규명된 원칙을 바탕으로 카밀로 지테는 당시 빈 도심 일대의 도시설계를 위한 매우 구체적이고 실제적인 개선안을 제안하며 마무리한다. 이 제안은 실현되지는 않았지만, 기능과 기술에 편중된 나머지 역설적으로 인간성과 질 높은 삶의 가능성을 잃어갔던 당시의 도시 상황에 다시금 예술적 정신과 감수성을 불어넣었다.

당연하게도 책이 쓰인 당시의 중부 유럽 일대와 현재 한반도 주변의 정치, 경제, 외교적 상황은 많은 차이점이 있다. 더불어 공공성, 밀도, 위생, 이동성 등 도시의 필연적인 쟁점들에 대한 각각의 심각성이나 해결의 정도 또한 사회체계의 성숙도나 기술적 수준에 따라 지역마다 다르게 나타나는 것도 사실이다. 한편 19세기 말의 오스트리아 빈과 21세기 초 대한민국 서울 두 도시를 비교해보면 모두 경제성장을 바탕으로 문화, 예술의 부흥기를 맞이하고 있으며 삶의 질에 관한 관심이 교통 중심의 도심 공간을 인간(보행자) 중심으로 변화시키고자 하는 사회적 의지로 연결되기 시작했다는 유사점들이 발견되기도 한다. 이는 카밀로 지테가 주장하는 도시설계의 원칙과 개선안이 오늘날 세계의 어느 도시보다 점점 편리 convenient 해지고는 있지만 그리 편안 comfortable 하지는 않은 대한민국 도시들의 공용공간에도 영감과 단서를 줄 수 있을 거라는 기대로 연결되기도 한다.

그러나 『예술적 원칙에 따른 도시설계』의 단어나 문장 자체를 금과옥조처럼 받아들인다면 그만큼 어리석은 일도 없을 것이다. 예를 들어 「Ⅳ. 광장의 규모와 형태」에서 제시된, 인접한 시청, 교회 건물의 관계 안에서 생성되는 '깊은 광장'과 '넓은 광장'의 원칙을 관청,

종교건물의 형식과 도시의 공간구조 자체가 근본적으로 다른 동아시아의 역사적 도시에 어떤 해석, 변용의 과정 없이 삽입시키려 한다면 이는 그저 '예술적' 원칙의 '기계적'인 적용에만 그칠 뿐이다. '예술적'의 의미를 '기술의 대척점에 있는 예술의 특성을 가진'으로 이해하는 구도를 넘어 '주어진 도시적 상황을 종합적으로 파악하고 적절히 반응할 수 있는 유연한 지성과 감수성이 발현된' 상태로 받아들일 때 카밀로 지테가 지속해서 전달하려는 도시설계 철학의 핵심에 더 가까이 다가갈 수 있다고 생각한다.

이 책을 본격적으로 번역하기 시작한 것은 역자가 머무는 독일 베를린에도 COVID-19가 확산된 2020년 3월 무렵이었다. 당시 막 시작한 설계 프로젝트의 장소를 방문한 후 에버트거리 Ebertstraße 로 나서던 늦은 오전, 이동 제한으로 인해 단 한 명의 사람도 보이지 않던 안개 낀 포츠담광장 Potsdamer Platz 이 눈앞에 서늘하게 펼쳐졌던 기억이 다시 떠오른다. 그로부터 3년이 지나 본 번역서의 출판 준비가 한창 마무리로 접어든 2023년 봄, 주말의 포츠담광장은 이제 다른 모습을 보여준다. 이 구역의 이정표가 된 서로 다른 양식의 세 고층 건물들을 천천히 올려다보는 여행객, 가깝게 모여 있는 아이맥스 극장과 영화 박물관에서 상영하는 블록버스터와 독립영화 사이에서 선택을 고민하는 중년의 커플, 그리고 모니카 본비치니의 전시 관람을 위해 노이에나치오날갈라리 Neue Nationalgalerie 방향으로 걸음을 옮기는 사람들로 이곳저곳 채워지는 가운데 도시의 활력을 다시금 되찾은 모습이다.

건축을 업으로 삼은 사람으로서 카밀로 지테의 대표 저서에 대한 번역의 기회가 주어진 것 자체도 영광이었지만, 무엇보다도 번역 과정 중 그의 예술적 직관과 이론적 파악 능력과 도시공간에 대한 애정이 깊이 새겨져 있는 문장 하나하나를 반추할 시간을 가질 수 있었다는 것에 감사하고 행복했다. 더불어 긴 시간 동안 머릿속에서 두루뭉술하게 머물러 있던 좋은 건축과 도시 프로젝트에 대한 역자의 정의 – 주변과 여러 지점에서 풍부한 대화 Dialoge 를 만들어낼 수 있는 건축 그리고 도시 – 를 좀 더 명확히 할 수 있는 시간이었다. 마지막으로 본 번역서가 출판될 수 있도록 사려 깊은 조언과 실질적인 지원을 아낌없이 해주신 고려대학교 건축학과의 류성룡 교수님과 부족한 번역문을 더 많은 독자가 이해하기 쉽도록 정성스레 다듬어주시고 세세한 부분까지 아름답게 구성해주신 미진사의 모든 분께 깊은 감사의 말씀을 전한다.

2023년 4월 김기준

그림 목록

그림 목록

그림 목록

그림 90, 그림 94 를 제외하고 특별한 축척이 지정되지 않는 한, 책에 직접 표시한 수평 바(|——————| 100m)의 축척을 기준으로 크고 작은 95개의 도시설계 상세도를 작성했다(머리말의 내용 참조).

도시 색인

CAMILO SITTE